中国古建全集

宗教建筑 2

简装版

金盘地产传媒有限公司 策划

广州市唐艺文化传播有限公司 编著

U0199260

中国林业出版社
China Forestry Publishing House

前言

每一座古建筑都有它独特的形式语言，现代仿古建筑、新中式风格流行的市场环境，让这些建筑语言受到了很多人的追捧，但是如果开发商或者设计师只是模仿古建筑的表面形式，是很难把它们的精髓完全掌握的，只有真正了解这些建筑背后的传统文化，才能打造出引人共鸣、触动心灵的建筑。

本书从这一点着手，试图通过全新的图文形式，再次描摹我们老祖宗留下来的这些文化遗产。全书共十本一套，选取了220余个中国古建筑项目，所有实景都是摄影师从全国各地实拍而来，所涉及的区域之广、项目之全让我们从市场上其他同类图书中脱颖而出。我们通过高清大图结合详细的历史文化背景、建筑装饰设计等文字说明的形式，试图梳理出一条关于中国古建筑设计和文化的脉络，不仅让专业读者可以更好地了解其设计精髓，也希望普通读者可以在其中了解更多古建筑的历史和文化，获得更多的阅读乐趣。

全书主要是根据建筑的功能进行分类，一级分类包括了居住建筑、城市

公共建筑、皇家建筑、宗教建筑、祠祀建筑和园林建筑；在每一个一级

分类下，又将其细分成民居、大院、村、寨、古城镇、街、书院、钟楼、

鼓楼、宫殿、王府、寺、塔、道观、庵、印经院、坛、祠堂、庙、皇家

园林、私家园林、风景名胜等二级分类；同时我们还设置了一条辅助暗

线，将所有的项目编排顺序与其所在的不同区域进行呼应归类。

　　而在具体的编写中，我们则将每一建筑涉及到的

历史、科技、艺术、音乐、文学、地理等多

方面的特色也重点标示出来，从而为读

者带来更加新颖的阅读体验。本书希

望以更加简明清晰的形式让读者可

以清楚地了解每一类建筑的特

色，更好地将其运用到具体的实

践中。

古人曾用自己的纸笔有意无意地记录下他

们生活的地方，而我们在这里用现代的手段

去描绘这些或富丽、或精巧、或清幽、或庄严的建筑，

它们在几千年的历史演变中，承载着中国丰富而深刻的传统思想

观念，是民族特色的最佳代表。我们希望这本书可以成为读者的灵感库、

设计源，更希望所有翻开这本书的人，都可以感受到这本书背后的诚意，

了解到那些独属于中国古建和传统文化的故事！

导语

中国古建筑主要是指1911年以前建造的中国古代建筑，也包括晚清建造的具有中国传统风格的建筑。一般来说，中国古建筑包括官式建筑与民间建筑两大类。官式建筑又分为设置斗拱、具有纪念性的大式建筑，与不设斗拱、纯实用性的小式建筑两种。官式建筑是中国古代建筑中等级较高的建筑，其中又分为帝王宫殿与官府衙署等起居办公建筑；皇家苑囿等园林建筑；帝王及后妃死后归葬的陵寝建筑；帝王祭祀先祖的太庙、礼祀天地山川的坛庙等礼制建筑；孔庙、国子监及州学、府学、县学等官方主办的教育建筑；佛寺、道观等宗教建筑多类。民间建筑的式样与范围更为广泛，包括各具地方特色的民居建筑；官僚及文人士大夫的私家园林；按地方血缘关系划分的宗祠建筑；具有地方联谊及商业性质的会馆建筑；各地书院等私人教育性建筑；位于城镇市井中的钟楼、市楼等公共建筑；以及城隍庙、土地庙等地方性宗教建筑，都属于中国民间古建筑的范畴。

中国古建筑不仅包括中国历代遗留下来的有重要文物与艺术价值的构筑，也包括各个地区、各个民族历史上建造的具有各自风格的传统建筑。古代中国建筑的历史遗存，覆盖了数千年的中国历史，如汉代的石阙、石墓室；南北朝的石窟寺、砖构佛塔；唐代的砖石塔与木构佛殿等等。唐末以来的地面遗存中，砖构、石构与木构建筑保存的很多。明清时代的遗构中，更是完整地保存了大量宫殿、园林、寺庙、陵寝与民居建筑群，从中可以看出中国建筑发展演化的历史。同时，中国是一个多民族的国家，藏族的堡寨与喇嘛塔，维吾尔族的土坯建筑，蒙古族的毡帐建筑，西南少数民族的竹楼、木造吊脚楼，都是具有地方与民族特色的中国古建筑的一部分。

古建筑演变史

中国古建筑的历史，大致经历了发生、发展、高潮与延续四个阶段。一般来说，先秦时代是中国古建筑的孕育期。当时有活跃的建筑思想及较宽松的建筑创造环境。尤其是春秋战国时期，各诸侯国均有自己独特的城市与建筑。秦始皇一统天下后，曾经模仿六国宫室于咸阳北阪之上，反映了当时建筑的多样性。秦汉时期是中国古建筑的奠基期。这一时期建造了前所未有的宏大都城与宫殿建筑，如秦代的咸阳阿房前殿，"上可以坐万人，下可以建五丈旗，周驰为阁道，自殿下直抵南山，表南山之巅以为阙"，无论是尺度还是气势，都十分雄伟壮观。汉代的未央、长乐、建章等宫殿，均规模宏大。

魏晋南北朝时期，是中外交流的活跃期，中国古建筑吸收了许多外来的影响，如琉璃瓦的传入、大量佛寺与石窟寺的建造等。隋唐时期，中外交流与融合更达到高潮，使唐代建筑呈现了质朴而雄大的刚健风格。

如果说辽人更多地承续了唐风，宋人则容纳了较多江南建筑的风韵，更显风姿卓约。宋代建筑的造型趋向柔弱纤秀，建筑中的曲线较多，室内外装饰趋向华丽而繁细。宋代的彩画种类，远比明清时代多，而其最高规格的彩画——五彩遍装，透出一种"雕焕之下，朱紫冉冉"的华贵气氛。在建筑技术上，宋代已经进入成熟期，出现了《营造法式》这样的著作。建筑的结构与造型，成熟而典雅。

到了元代，中国古建筑受到新一轮的外来影响，出现如磨石地面、白琉璃瓦屋顶，及棕毛殿、维吾尔殿等形式。但随之而来的明代，又回到中国古建筑发展的旧有轨道上。明清时代，中国古建筑逐渐走向程式化和规范化，在建筑技术上，对于结构的把握趋于简化，掌握了木材拼接的技术，对砖石结构的运用，也更加普及而纯熟；但在建筑思想上，则趋于停滞，没有太多创新的发展。

中西古建筑差异

在世界建筑文化的宝库中，中国古建筑文化具有十分独特的地位。一方面，中国古建筑文化保持了与西方建筑文化（源于希腊、罗马建筑）相平行的发展；另一方面，中国古建筑有其独树一帜的结构与艺术特征。

世界上大多数建筑都强调建筑单体的体量、造型与空间，追求与世长存的纪念性，而中国古建筑追求以单体建筑组合成的复杂院落，以深宅大院、琼楼玉宇的大组群，创造宏大的建筑空间气势。所以，如梁思成先生的巧妙比喻，"西方建筑有如一幅油画，可以站在一定的距离与角度进行欣赏；而中国古建筑则是一幅中国卷轴，需要随时间的推移慢慢展开，才能逐步看清全貌"。

中国古建筑文化中，以现世的人居住、住宅为主流，即使是为神佛建造的道观、佛寺，也的宫殿、是将其看作神与佛的住宅。因此，中国古建筑不用骇人的空间与体量，也不追求坚固久远。因为，以住宅为建筑的主流，建筑在平面与空间上，大都以住宅为蓝本，如帝王的宫殿、佛寺、道观，甚至会馆、书院之类的建筑，都以与住宅十分接近的四合院落的形式为主。其单体形式、院落组合、结构特征都十分接近，分别只在规模的大小。

中国古代建筑中，除了宫殿、官署、寺庙、住宅外，较少像古代或中世纪西方那样的公共建筑，如古希腊、罗马的公共浴场、竞技场、图书馆、剧场；或中世纪的市政厅、公共广场，以及较为晚近的歌剧院、交易所等。这是因为古代中国文化是建立在农业文明基础之上，较少有对公共生活的追求；而古希腊、罗马、中世纪及文艺复兴以来的欧洲城市，则是典型的城市文明，倾向于对公共领域建筑空间的创造。这一点也正体现了中国古代建筑文化与希腊、罗马及西方中世纪建筑文化的分别。

古建结构特色

古建筑是一门由大量物质堆叠而成的艺术。古建筑造型及空间艺术之基础，在于其内在结构。中国古建筑的主流部分是木结构。无论是宫殿、宗庙，或陵寝前的祭祀殿堂，还是散落在名山大川的佛寺、道观，或民间的祠堂、宅舍等，甚至一些高层佛塔及体量巨大的佛堂，乃至一些桥梁建筑等，都是用纯木结构建造的。

中国传统的木结构，是一种由柱子与梁架结合而成的梁柱结构体系，又分为抬梁式、穿斗式、干栏式与井干式四种形式，而以抬梁式与穿斗式结构最为多见。

早在秦汉时期的中国，就已经发展了砖石结构的建筑。最初，砖石结构主要用于墓室、陵墓前的阙门及城门、桥梁等建筑。南北朝以后出现了大量砖石建造的佛塔建筑。这种佛塔在宋代以后渐渐发展成"砖心木檐"的砖木混合结构的形式。隋代的赵州大石桥，在结构与艺术造型上都达到了很高的水平。砖石结构大量应用于城墙、建筑台基等是五代以后的事情。明代时又出现了许多砖石结构的殿堂建筑——无梁殿。

传统中国古建筑中，还有一种独具特色的结构——生土建筑。生土建筑分版筑式与窑洞式两种，分布在甘肃、陕西、山西、河南的大量窑洞式建筑，至今还具有很强的生命力。生土建筑以其节约能源与建筑材料、不构成环境污染等优势，被现代建筑师归入"生态建筑"的范畴。

三段式建筑造型

传统中国古建筑在单体造型上讲究比例匀称，尺度适宜。以现存较为完整的明清建筑为例，明清官式建筑在造型上为三段式划分：台基、屋身与屋顶。建筑的下部一般为一个砖石的台基，台基之上立柱子与墙，其上覆盖两坡或四坡的反宇式屋顶。一般情况下，屋顶的投影高度与柱、墙的高度比例约在1：1左右。台基的高度则视建筑的等级而有不同变化。

"方圆相涵"的比例

大式建筑中，在柱、墙与屋顶挑檐之间设斗拱，通过斗拱的过渡，使厚重的屋顶与柱、墙之间，产生一种不即不离的效果，从而使屋顶有一种飘逸感。宋代建筑中，十分注意柱子的高度与柱上斗拱高度之间的比例。宋《营造法式》还明确规定"柱高不逾间之广"，也就是说，柱子的高度与开间的宽度大致接近，因而，使柱子与开间形成一个大略的方形，则檐部就位于这个方形的外接圆上，使得屋檐距台基面的高度与柱子的高度之间，处于一种微妙的"方圆相涵"的比例关系。

中国古建筑既重视大的比例关系，也注意建筑的细部处理。如台明、柱础的细部雕饰，额方下的雀替，额方在角柱上向外的出头——霸王拳，都经过细致的雕刻。额方之上布置精致的斗拱。檐部通过飞

椽的巧妙翘曲，使屋顶产生如《诗经》"如翚斯飞"的轻盈感，屋顶正脊两端的鸱吻，四

角的仙人、走兽雕饰，都使得建筑在匀称的比例中，又透出一种典雅与精致的效果。

台基

台基分为两大类：普通台基和须弥座

台基。普通台基按部位不同分为正阶踏 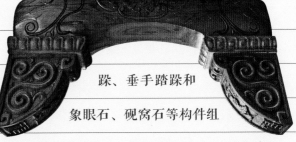 跺、垂手踏跺和

抄手踏跺，由角柱石、柱顶石、垂带石、 象眼石、砚窝石等构件组

成。须弥座从佛像底座转化而来，意为用 须弥山来做座，象征神圣高贵。须弥座

台基立面上的突出特征是有叠涩，从内向外一层皮一层皮的出跳，有束腰，有莲瓣，有仰、

覆莲，再下面还有一个底座。在重要的建筑如宫殿、坛庙和陵寝，都采用须弥座台基形式。

屋顶

中国古代木构建筑的屋顶类型非常丰富，在形式、等级、造型艺术等方面都有详细的

规定和要求。最基本的屋顶形式有四种：庑殿顶、歇山顶、悬山顶和硬山顶。还有多种杂

式屋顶，如四方攒尖、圆顶、十字脊、勾连塔、工字顶、盝顶、盔顶等，可根据建筑平面

形式的变化而选用，因而形成十分复杂、造型奇特的屋顶组群，如宋代的黄鹤楼和滕王阁，

以及明清紫禁城角楼等都是优美屋顶造型的代表作。为了突出重点，表示隆重，或者是为

了增加园林建筑中的变化，还可以将上述许多屋顶形式做成重檐（二层屋檐或三层屋檐紧

密地重叠在一起）。明清故宫的太和殿和乾清宫，便采用了重檐庑殿屋顶以加强帝王的威

严感；而天坛祈年殿则采用三重檐圆形屋顶，创造与天接近的艺术气氛。

古建筑布局

中国古代建筑具有很高的艺术成就和独特的审美特征。中国古建筑的艺术精粹，尤其体

现在院落与组群的布局上。有别于西方建筑强调单体的体量与造型，中国古建筑的单体变化

较小，体量也较适中，但通过这些似乎相近的单体，中国人创造了丰富多变的庭院空间。在一个大的组群中，往往由许多庭院组成，庭院又分主次：主要的庭院规模较大，居于中心位置，次要的庭院规模较小，围绕主庭院布置。建筑的体量，也因其所在的位置而不同，而古代的材分（宋代模数）制度，恰好起到了在一个建筑组群中，协调各个建筑之间体量关系的有机联系。居于中心的重要建筑，用较高等级的材分，尺度也较大；居于四周的附属建筑，用较低等级的材分，尺度较小。有了主次的区别，也就有了整体的内在和谐，从而造出"庭院深深深几许"的诗画空间和艺术效果。

色彩与装饰

中国古建筑还十分讲究色彩与装饰。北方官式建筑，尤其是宫殿建筑，在汉白玉台基上，用红墙、红柱，上覆黄琉璃瓦顶，檐下用冷色调的青绿彩画，正好造成红墙与黄瓦之间的过渡，再衬以湛蓝的天空，使建筑物透出一种君临天下的华贵高洁与雍容大度的艺术氛围。而江南建筑用白粉墙、灰瓦顶、赭色的柱子，衬以小池、假山、漏窗、修竹，如小家碧玉一般，别有一番典雅精致的艺术效果。再如中国古建筑的彩画、木雕、琉璃瓦饰、砖雕等，都是独具特色的建筑细部，这些细部处理手法，又因不同地区而有各种风格变化。

古建筑哲匠

中国古代建筑以木结构为主，着重榫卯联接，因而追求结构的精巧与装饰的华美。所以，有关中国古建筑的记述，十分强调建筑匠师的巧思，所谓"鬼斧神工"、"巧夺天工"，这些词常被用来描述古代建筑令人惊叹的精妙。

中国古代历史上，有关能工巧匠的记载不绝于史。老百姓最耳熟能详的是鲁班。鲁班几乎成了中国古代匠师的代名词。现存古建筑中，凡是结构精巧、构造奇妙、装饰精美的例子，人们总是传说这是鲁班显灵，巧加点拨的结果。历史上还有不少有关鲁班发明各种木工器具、木人木马等奇妙器械的故事。

见于史书记载的著名哲匠还有很多，如南北朝时期北朝的蒋少游，他仅凭记忆就将南朝华丽的城市与宫殿形式记忆下来，在北朝模仿建造。隋代的宇文凯一手规划隋代大兴城（即唐代长安城）与洛阳城，都是当时世界上最宏大的城市。宋代著名匠师喻皓设计的汴梁开宝寺塔匠心独运。元代的刘秉忠是元大都的规划者；同时代来自尼泊尔的也黑叠尔所设计的妙应寺塔，是现存汉地喇嘛塔中最古老的一例。明代最著名的匠师是蒯祥，曾经参与明代宫殿建筑的营造。另外明代的计成是造园家与造园理论家。他写的《园冶》一书，为我们留下了一部珍贵的古代园林理论著作。与蒯祥相似的是清代的雷发达，他在清初重建北京紫禁城宫殿时崭露头角，此后成为清代皇家御用建筑师。当然还有中国现代著名建筑学家、建筑史学家和建筑教育家梁思成。这些名留青史的建筑哲匠和学者，真正反映了中国古建筑辉煌的一页。

古建筑与其他

中国古建筑具有悠久的历史传统和光辉的成就。我国古代的建筑艺术也是美术鉴赏的重要对象，而中国古代建筑的艺特点是多方面的。比如从文学作品、电影、音乐等中，均可以感受到中国建筑的气势和优美。例如初唐诗人王勃的《滕王阁序》，还有唐代杜牧的《阿房宫赋》、张继的《枫桥夜泊》、刘禹锡的《乌衣巷》，北宋范仲淹的《岳阳楼记》以至近代诗人卞之琳的《断章》等，都叫人赞叹不绝，让大家从文学中领会中国古建筑的瑰丽。

目录

宗教建筑之 **佛寺**

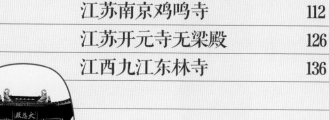

宗教

中国古建全集

建筑

中国古代存在过多种宗教，其中，拥有信徒较多、影响较大的宗教有佛教、道教、伊斯兰教。由于其不同的教义和

使用要求，它们在中国的建筑各有特点，表现为不同的总体布局和建筑式样。其中，佛教建筑和伊斯兰教建筑具有

细分为寺、塔、石窟、佛亭、陵墓、印经院。佛教有汉传佛教、南传佛教、藏传

佛教等分支，同时受不同地理环境的影响，其建筑特点亦有差异。我国现存的佛

教建筑数量巨大，在布局上一般是由主殿、配殿等组成的对称的多进院落形式。伊斯兰教

建筑在我国主要分为两大类：一类以回族文化为代表，受汉族文化影响较深，其主要特征是木结构、瓦屋顶、四合

院、雕梁画栋，有中心轴线，布局严整；一类以维吾尔族文化为代表，追寻的是阿拉伯风格样式，其特点是以夯土、

土坯或砖石为主要材料，以自由布局的方式组合，平屋顶、带穹窿、屏风门，有塔楼和内院，墙厚窗小而富于装饰。

单从字面上讲，宗教建筑中的"寺"包括汉传佛寺、藏传佛寺和清真寺。汉传佛寺是汉传佛教僧侣供奉佛像、

佛骨，进行宗教活动和居住的处所，到了明清时期又叫寺庙。汉传佛寺有明显的纵中轴线，从主要出入口

"三门"开始，沿轴线纵列数重殿阁，中间连以横廊，划分成几进院落，构成全寺主体部分。较大寺院在

主体殿阁两侧，仿宫殿中廊院式布局，对称排列若干较小的"院"，主院和各小院均绕以回廊，廊内有壁画，

有的还附建配殿或配楼。藏传佛寺，一般俗称为喇嘛庙。这类佛教寺庙又可以分为三种：第一种为汉式建

筑的喇嘛庙，如北京的雍和宫。它们的总体布局，与汉传佛教寺庙相差列儿；第二种为汉藏建筑结合式，

如河北承德普宁寺、普乐寺等。寺的前部为典型的汉族建筑形式，寺的后部为典型的藏式建筑形式；第三

种为藏式建筑，如拉萨布达拉宫、日喀则扎什伦布寺。但这类寺庙也并非纯藏式建筑，其中也融入了数量

不等的汉族建筑形式。前两种喇嘛庙在我国的数量不多。

清真寺是伊斯兰教徒做礼拜的地方。清真寺的主体建筑是礼拜大殿，方向朝向麦加克尔白。较大的清真寺还有宣礼塔，塔顶呈尖形，又称尖塔。清真寺多为穹窿建筑，多数是由分行排列的方柱或圆柱支撑的一系列拱门，拱门又支撑着圆顶、拱顶。建筑物外表，敷以彩色或其他装潢。

佛塔、石窟、佛亭、印经院等，均为佛教建筑的典型形式，佛塔最早用来供奉和安置舍利、经文和各种法物，造型多样；石窟是一种就着山势开凿的寺庙建筑，里面有佛像或佛教故事的壁画；佛亭主要为高僧授经和商定宗教重大活动的场所；印经院则为印制经文的地方，集中了佛教的文化和思想。

道教的宫观建筑是从古代中国传统的宫殿、神庙、祭坛建筑发展而来的，是道教徒祭神礼拜的场所，也是他们隐居、修炼之处所。宫观虽然规模不等，形制各异，但总体上却不外以下三类：宫殿式的庙宇；一般的祠庙；朴素的茅庐或洞穴。三者在建筑规模上有很大区别，但其目的与功用却是统一的。道教宫观大多为我国传统的群体建筑形式，即由个别的、单一的建筑相互连接组合成的建筑群。这种建筑形式从其个体来看，是低矮的、平凡的，但就其整体建筑群来讲，却是结构方正，对称严谨。　　　　　　　　这种建筑形象，充分表现了严肃而井井有条的传统理性　　　　精神和道教徒追求平稳、　　　　安静的审美心理。

《宗教建筑》共有三册，选取近百个项目，　　　　分为佛寺、道观与佛塔三大类一一呈现，并按照北方区域、江南区域、岭南区域以及西南区域进行划分，作对比研究，让读者通过追溯宗教的历史以及建筑史来充分感受宗教建筑文化，品味那古老而不失韵味的宗教建筑。

佛寺

佛寺是佛教徒供奉神祇、进行宗教活动和供僧人居住的场所。佛教起源于印度，在东汉明帝时（58～76年）传入中国。带来佛经，并建造寺庙和佛塔，正式传教。起初寺在汉代的原意是官署名称——凡府廷所在皆为寺。后来天竺僧释摩腾和竺法兰自西域用白马驮佛经来洛阳，住在接待宾客的官署——鸿胪寺，又改名为白马寺，从此把供奉佛像的地方都称作寺，并以寺为佛教建筑的通称。

现存佛寺绝大多数是明清时代建立或重建的，总数当有数千。

早期佛寺的平面布局大致与印度相同，以塔为寺的主体，以后寺内建置佛殿，供奉佛像，供信徒膜拜。于是佛寺内塔殿并重，而塔仍在佛殿之前，北魏洛阳永宁寺是这一时期佛寺建筑布局的典型。这一时期还有以舍宅为寺的，即以宅院的前厅为佛殿，后堂为讲堂，四周以廊庑环绕。东晋初期已出现双塔的形式，而佛殿也逐渐成为寺院的主体，其平面布局一般采用中国传统的庭院布局形式。隋唐时期已经很少有以塔为中心的佛寺，当时的佛寺大多在寺旁或寺后建塔，另成塔院形式，有的则不建塔。后来的佛寺都有明显的中轴线。

宋代由于禅宗盛行，佛寺的建筑布局也有伽蓝七堂的形式。

明代以后的佛寺布局大致定型：以山门作入口，第一进院落的正中是天王殿，两侧建有钟鼓楼；第二进院落的正中是大雄宝殿，东西各有配殿一座；第三进院落可建藏经阁，或建大悲阁供奉巨大的观音塑像。有的佛寺还专建"田"字形的罗汉堂。另外，在主要院落的两侧，视佛寺规模大小还可建一些小院落，安排方丈院、僧舍、斋堂、客房、库房、厨房、磨房等附属建筑。

本书中，宗教建筑的分类以寺为主，共分为三本。其一，涵盖汉传佛教寺庙，这类庙宇数量多、分布广；藏传佛教寺庙，主要分布在西藏自治区和内蒙古自治区以及青海、甘肃、四川、云南等省；少数南传佛教的佛寺，主要分布在云南省西南部。这三类佛教寺庙，各有特色，但都是宗教建筑和生活建筑的结合体，而且结合得如此完好、如此巧妙，这在我国古代建筑的众多类型中是独树一帜的。

安徽池州甘露寺

万松藏古寺
孤月上寒坡
屋角泉声落
床头岚气过

甘露寺

甘露寺是全国重点寺院，因地制宜，寺庙依山岩错落而建，布局灵活，给人以明显的空间层次感和明暗变化的效果。殿宇恢宏，寺内雕梁画栋，辉煌而凝重，曲径回廊，深邃而幽静。琉璃瓦顶，金光闪耀，四周翠竹修林，为寺院之典范。

历史文化背景

甘露寺坐落在化城峰腰，与祇园寺、东崖寺、百岁宫同为九华山"四大丛林"之一。清康熙六年（1667年），洞安和尚建寺。传说动工前夜，满山松针尽挂甘露，人称奇迹，又因《法华经·药草喻品》上写道：释迦说：我为大众说甘露净法。阿弥陀有"甘露如来""甘露王"的称号，他化身说法时就有"澍甘露之雨"的话，遂定名甘露寺。

甘露寺地处山腰，又是北路朝山必经之地，庙宇宽宏，佛像众多，茂林修竹，环境十分优雅，因此，香火旺盛。洞安在此两度登坛说戒后，仍归伏虎洞。乾隆间住持僧优昙开坛传戒，成为丛林。道光十六年（1836年）住持僧青莲扩建。咸丰三年（1853年）住持僧圣传，时寺道兵燹。八年（1858年）住持僧恩浩重修。同治三年（1864年）复遭兵燹，次年住持僧法源等重修。光绪二十年（1894年）住持僧大航募修，入京请回《藏经》一部。

1956 年、1983 年两次重修，被国务院确定为汉族地区佛教全国重点寺院。1985 年重塑佛像并上漆贴金。

九华山诸寺一贯注重僧伽教育，现在的中国佛学院九华山执事进修班、安徽省九华山佛学院就设在甘露寺。早在清光绪二十二年（1896 年）华严学者月霞法师（1858～1917 年）偕楚僧普照法师等来九华。1898 年月霞法师在翠峰寺创办"华严道场"（又称华严大学），"讲华严，造大经"。华严道场学制三年，当时就读的学僧共三十二名，其中有后来成为近代名僧的虚云、心坚等人。华严道场开创了中国僧伽教育史上办佛学院的先例，受到高度评价。1919 年初，九华山佛教会常委主席、东崖寺方丈容虚倡仪成立"江南九华佛学院"，得到九华山各丛寮回应、资助，并经安徽省政府教育厅批准成立。

1985 年，九华山佛教协会举办了九华山僧伽培训班，学制为一年，面向全省各地寺庙招生，经考试择优录取。5 月，第一期僧伽培训班（青年学僧二十四人）在祇园寺开学。其教育方针是：教学育人，学修并重，提高学僧思想道德修养，提高学僧对佛教文化的研讨兴趣和知识水平，培养他们成为立足佛门、关心和拥护社会主义现代化建设的佛教人才。培训班由安徽省佛教协会、九华山佛教协会会长仁德任班主任，明心法师、体灵法师、赵家谦居士等任教师，分别教授佛学、佛教史和语文，另外还开设历史、书法、经忏唱诵、自然科学常识政治等课。学僧在校期间早晚皆作功课，结业时要求达到能阅读经典，能做修持，并能参与规模较大的佛事活动。该班学僧于 1985 年底受了沙弥戒。1986 年 1 月，培训班从祇园寺迁至甘露寺。1986 年 10 月第一期僧伽培训班结业，学僧大都回到原地从事寺院管理工作。以后培训班

又举办了几次。1990年9月19日，安徽省九华山佛学院在甘露寺举行了开学典礼。

建筑布局

甘露寺建筑面积3 500平方米，坐南朝北，由3组民居式建筑与宫殿式大雄宝殿组成。甘露寺布局较为不工整，山门的侧门出外，转向上坡十数级台阶，再从侧面进入大殿。韦驮殿和知客堂两组建筑位于北面，布置在高2.5米的台基上。大雄宝殿位于韦驮殿南面，前有半廊，殿身筑在高6.8米的台基上，宽17米，深15.5米。大殿东为两层走马通楼，内天井，进深22米，宽15米，楼层上下分别为祖师殿、方丈寮、禅堂和客房。1996年10月~1998年6月，大雄宝殿后山坡上新建藏经楼，坐南朝北，建筑面积540平方米，底层为禅堂，上层为藏经楼。在大雄宝殿西侧为重建的斋堂及附属用房，皖南民居式，建筑面积4 300平方米，分别为5层、4层、2层。

设计特色

甘露寺的殿宇宽宏，楼阁整齐，背倚青山，前有流水，极富诗情画意。正门造得独出心裁，进门后即见后墙，不与院落相通，到大殿须从两旁山墙小门进去。寺内有3个天井、上百个外窗，屋面为硬山两落水或四落水，而大殿为歇山顶。琉璃瓦顶，金光闪耀，精美的彩绘和雕刻将整个甘露寺衬托得更加壮丽宏伟。知客堂墙上开4层窗户，实际只有3层，开设顶层窗户，增加了层次感。

安徽芜湖广济寺

山分一股到江皋
寺占山腰压翠鳌
四壁白云僧不扫
一竿红日塔争高

广济寺

芜湖广济寺为汉传佛教全国重点寺院，是安徽四大名寺之首。殿宇依山构筑，四重殿宇，整个建筑浑然一体，金碧辉煌，气势雄伟。

历史文化背景

芜湖广济寺位于安徽省芜湖市赭山西南麓，建于唐朝乾宁年间（894-897年），初名"永清寺"，又名"广济院"。宋大中祥符年间（1008-1016年），改名为"广济寺"，一直沿用至今。明朝永乐年间，寺院荒废，殿堂失修。清乾隆二十一年（1756年）曾经被募修，清朝嘉庆三年（1798年）再次重修。咸丰年间毁于兵燹，光绪年间又重新修建。相传唐朝时，新罗国王子金乔觉渡海来到中国，先在芜湖广济寺修持，以后才去九华山开辟道场，所以芜湖广济寺又称"九华行宫"。

1949年后，人民政府多次拨款修缮广济寺。1983年，国务院确立广济寺为汉族地区佛教全国重点寺院。近年来，重修殿堂，再塑佛像，使这座千年古刹重展雄姿，成为芜湖著名的风景名胜。

建筑布局

广济寺依山而建，寺院坐北朝南，占地3 000多平方米，有两进院落。自下而上有天王殿（又称"山门"）、药师殿、大雄宝殿（又称"大佛殿"）、地藏殿、广济寺塔，共有88级台阶，四重殿宇从山脚下一直延伸到半山腰，后殿比前殿高出数十米。三楹小殿，殿殿相连，层层高出，后殿比前殿高出十多米，

设计特色

广济寺浑金碧辉煌，气势雄伟。地藏殿是寺内最具特色的建筑，整个建筑浑然一体，雕梁画栋，气势非凡。广济寺塔耸入云端，飞檐铁马，八面玲珑，每层外墙嵌着许多刻工精致、形象生动的佛像砖雕。

【史海拾贝】

广济寺的镇寺之宝是"地藏利成金印"。这枚金印是唐至德二年（757年）为纪念九华山金地藏和尚而用砂金铸造的，重百斤多，印头是雕刻精美的九龙戏珠，正面刻有"唐至德二年"楷书。昔日凡经芜湖朝九华山的

香客，必来广济寺顶礼膜拜，在香袋上盖上金印。每年农历七月晦日地藏菩萨诞生日时，前来敬香还愿的香客更是络绎不绝。

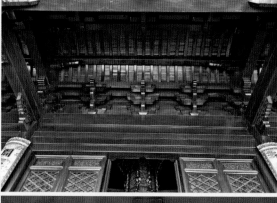

【地藏殿】

　　地藏殿是仿照九华山的肉身宝殿式样建造的，殿的正中供奉着地藏菩萨像，泥塑金身，高达 12 米，十分庄严。像前是闵公、道明二像，两侧分列着十五朝地主、牛头马面、文武判官像。该殿石阶高耸，两旁护以铁链，殿前一株银杏古树，为宋人所植，枝繁叶茂，果实丰硕。广济寺这四重殿宇，从山脚下一直延伸到半山腰，后殿比前殿高出数十米。

佛寺

【广济寺塔】

　　广济寺塔原高63米，存高57米，为八角十三层实心密檐砖塔。底部为高大的须弥底座，每边8.6米，束腰由蜀柱、壶门及角神组成。蜀柱上雕刻着人物、花卉、瑞兽等图案，壶门内置坐佛一座。束腰之上为构栏平座，装饰着"卐"字花纹，平座之上是一个巨大的仰莲承托着塔身，第一层塔身的各面设圆形倚柱，券顶佛龛，龛内有一尊坐佛。各面的坐佛除正面的着冠外，其他均为螺发高髻。佛龛的两侧各有一尊立佛，上方有飞天，四周装饰着吉祥的云纹。

湖北武汉归元寺

> 归元禅寺分两区
> 北中南院拥三古
> 大雄宝殿宏气势
> 藏经罗汉傲荆楚

归元寺因其古树参天，花木繁茂的人文景致又被称为"汉西一境"，藏经阁、大雄宝殿和罗汉堂三组主体建筑群，紧凑合理，大雄宝殿经逐渐扩建，气势宏大，而藏经阁和罗汉堂均完全保留原有的布局、规模和风貌，具有较高的宗教艺术感染力和研究价值。

历史文化背景

归元寺坐落在武汉市汉阳区归元寺路。由浙江僧人白光、主峰于清顺治十五年（1658年）来此创建。所取"归元"之名，缘自《易经》"元者善之长也，乾元资始，坤元资生，而易行其乎其间，此万法归一"，以及佛经《楞严经》中"归元性无二，方便有多门"之说。所谓归元，即归真、归本、出生灭界，还归于真寂本元之意。归元寺属于佛教禅宗五家七宗之一的曹洞宗，故又称归元禅寺。它与宝通寺、溪莲寺、正觉寺合称为武汉佛教四大丛林。

归元寺创建以来，迭经战乱，屡败屡兴。现存建筑是清同治三年（1864年）、光绪二十一年（1895年）及民国初年陆续所建。新中国成立以来，

在落实贯彻宗教信仰自由与保护文物古迹的政策后，不断进行维护修葺，使寺貌焕然一新。1953 年归元寺被列为省级文物保护单位；1983 年归元寺被国务院定为汉族地区全国佛教重点寺院之一。

建筑布局

归元寺现占地面积 102 000 平方米，坐西朝东，寺内分前、后两区，前区（老区）由北院、中院和南院三个各具特色的庭院组成，分别拥有藏经阁、大雄宝殿和罗汉堂等三组主体建筑群。中院有放生池。池两侧为钟鼓楼，正中为韦驮殿，再进是大雄宝殿。其南北两厢为客堂和斋堂，其后为禅堂。

设计特色

大雄宝殿气势宏大。藏经阁顶为兽头大脊，鱼角搬爪，斗拱飞檐，古朴玲珑。当面为四柱通天，双凤朝阳，五龙戏珠。整个建筑门扇窗牖，涂朱绘彩，刻画镂雕，精巧壮观，金碧辉煌，是武汉市唯一一座砖木结构的古建筑物。罗汉堂则完全保留了原来的布局、规模和风貌，其中的五百罗汉形象生动，个个惟妙惟肖，活灵活现。

"数罗汉"是人们游罗汉堂的趣事。传说人们任意从一尊罗汉开始，顺序往下数完自己的现有的年龄，这最后一尊罗汉的身份、表情和动作，便可昭示数者的命运。这一活动为人们参观罗汉堂增添了不少乐趣。

到归元寺罗汉堂数罗汉，是武汉民间早已形成的一种有趣习俗。数罗汉，无非是一种图吉祥的表现形式，根据自己的年龄，随心所欲地从任何一尊罗汉顺序数，有多大年纪就数多少尊，数到为止时再看这尊罗汉的尊号、动作、面部表情等，自己可以从中去品味思考，看能否悟出一些人生哲理来。如游客数到第416尊罗汉，其对应的卡片上即有如下字样："第四百十六蠲慢意尊者"法相所现为正面安然而坐，双手笼于袖中向右作抱拳拱礼状，头部略向前倾，蓄须，头顶隆起，威严貌。附诗云："鸟在林中自由飞，鸟在笼中唯悲啼，听其自然由其性，生而为囚最可悲。"至于对这首诗如何去理解，因各人年龄、性格、脾气、工作、家庭、事业、经历都不尽相同，各人都会有不同的理解，需自己去领悟。

【大雄宝殿】

　　大雄宝殿是中院主体建筑，初建于清顺治十八年（1661年），后经多次维修。现大雄宝殿是清光绪三十四年（1908年）重修的，近年来随着寺院的扩建修葺，气势更为宏大。大殿正中供奉着释迦牟尼坐像，两侧为其弟子阿难和迦叶，均为脱胎雕塑。佛像后背是用樟木雕刻而成的"五龙捧圣"的图案。佛像前还有韦驮、弥勒、地藏像。佛像后是一组海岛观音像。整个塑像向前倾覆，增加了宗教艺术的感染力。佛像前的供桌，是一件不可多得的木刻珍品，其间分为五格，深画镂空。

宗教建筑

【藏经阁】

　　藏经阁是北院主体建筑，始建于清康熙八年（1669年），后遭战火所毁。光绪十四年（1888年）得以重建。归元禅寺心净方丈（1920~1922年）募资再次重新修建藏经阁，使之成为一座两层五开间的楼阁式建筑，高约20米，这里珍藏着许多佛教文物，除藏经外，还有佛像、法物、石雕、木刻、书画、碑帖及外文典籍等。其中所藏经书之多，版本之多，文种之多，在国内丛林寺院中尚不多见。现藏经阁则是由归元寺前任方丈昌明法师（1979~1998年）在原址上再次重建后的阁楼，占地面积四百余平方米，楼式建筑，颇具丛林雅风。新阁楼保持了原制式、原风格、原规模。

【罗汉堂】

　　罗汉堂是南院主体建筑，始建于清道光年间。咸丰年间毁于兵燹之乱。同治年间，归元寺重新修建了罗汉堂。现罗汉堂是 1998 年 7 月动工，在原址上进行大规模维修重建，于 2000 年 9 月竣工的。这座崭新的罗汉堂完全保留了原罗汉堂的布局、规模和风貌。罗汉堂五百罗汉生动形象，个个惟妙惟肖，活灵活现。

湖北当阳玉泉寺

玉泉古寺遗古物
明清风貌聚殿堂
大雄宝殿为天工
玉泉铁塔独一方

玉泉寺位于中原入川古驿路的必经之地，屡遭兵祸，屡毁屡复，现保留有隋、唐、宋、元、明、清各代文物，是我国历史文化的宝贵遗产。寺院内古建筑雄伟古朴，典雅大方，别具一格。玉泉铁塔是我国现存最高、最重、最完整的一座铁塔，它对研究中国古代冶金铸造、金属防腐、营造法式、建筑力学、铸雕艺术以及佛教史具有十分重要的价值。

历史文化背景

玉泉寺位于湖北省当阳市城西南12千米的玉泉山东麓。相传东汉建安年间，僧人普净结庐于此。南朝后梁大定五年（559年），梁宣帝萧詧敕玉泉为"覆船山寺"。隋开皇十二年（592年），晋王杨广应智顗奏请在此起寺，敕名"一音"，后改为"玉泉寺"。开皇十四年（594年），杨广敕封智顗为"智者禅师"，并亲书"智者道场"匾额。唐贞观年间（627~649年）僧法填增建，仪凤二年（677年）唐高宗诏请寺僧弘景为师，后周长寿三年（694年）金轮圣皇帝亲授舍利并敕建七层砖塔埋之，三朝国师神秀在寺创禅宗北宗。

宋天禧末年（1021年）明萧皇后感慕容避近之恩，捐银扩建，改额为"景德禅寺"；崇宁时又敕为"护国寺"。元世祖、武宗、仁宗皇帝敕修。明、清屡毁屡修。1949年后又进行了多次修葺。

玉泉寺现存主要殿堂有：弥勒殿、大

雄宝殿、毗卢殿、韦驮殿、伽蓝殿、千光堂、大悲阁、十方堂、藏经阁、文殊楼、传灯楼、讲经台、般舟堂和圆通阁等。其中大雄宝殿最为雄伟瑰丽，玉泉寺及铁塔于1982年被列为全国重点文物保护单位。

建筑布局&设计特色

玉泉寺位于玉泉山下，坐西朝东，依山傍水，左右两侧由青龙、白虎二山围绕。

玉泉寺现存殿堂楼阁多具明清营造风貌，其间也部分保留宋、元规制遗风。大雄宝殿整个建筑不用铁钉，结构严谨，技艺精湛，是湖北省最大的木结构古建筑。玉泉铁塔通体不施榫扣，不加焊粘，逐件叠压，自重以固。其外型俊秀挺拔，稳健玲珑，如玉笋嵌空。

【史海拾贝】

玉泉寺名人辈出，其是关云长最初显圣成为佛教外护的老道场，智者大师在此开讲法华三大部的其中两部，神秀大师从这里走出，受武则天邀请成为两京化主、三帝国师，唐代天文学家一行禅师在这里生活过八年之久。

关羽，又名关云长，河东解良人（今山西运城解州），东汉末年投奔刘备，后在湖北当阳战败被杀，且身首异处，相传关羽被杀后托梦给湖北当阳玉泉寺普净大师："还我头来，还我头来。"大师点化说，你过五关斩六将，这些人的头向谁去讨还？关羽顿然觉悟，归依空门，关羽是在宋代以后才名声大震，因其为"忠孝义节"的楷模而屡受皇帝褒封，儒家尊其为"武圣人"佛家尊其为"伽蓝神"道家则尊其为"关圣帝君"。关公是唯一受到"儒释道"三教共同尊崇的偶像，可以说关公成为神以及以后的关公崇拜，甚至关公文化就是从这里走出去的。

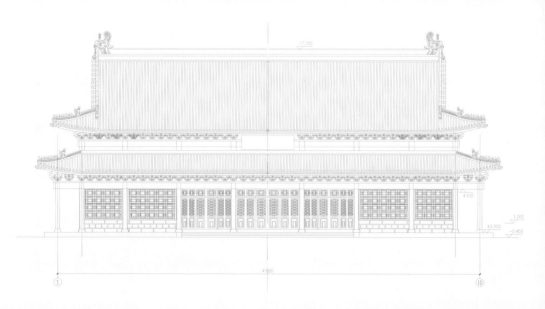

【大雄宝殿】

　　大雄宝殿为明代重修,重檐歇山式屋顶,面阔九间,进深七间,总面积1 253平方米,通高22米。该殿用材硕大,殿内48柱,柱围皆1米以上,全是楠木制成;抬梁穿斗式梁架,斗拱154组,开花藻井,彩绘斑斓。殿前置隋大业十一年（615年）铁镬、元代铁釜、铁钟等珍贵的大型铁质文物十余件。殿侧有石刻观音画像一通,传为唐代画圣吴道子手迹。

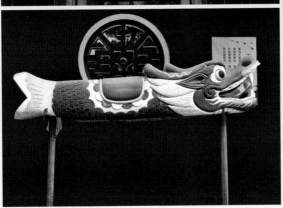

【玉泉铁塔】

铁塔本名"佛牙舍利塔"，俗称"棱金铁塔"、"千佛塔"，北宋嘉祐六年（1061年）为重埋唐高宗、则天皇后所授舍利而建造，仿木构楼阁式，八角十三级，通高16.945米，重26 472公斤。铁塔由地宫、塔基、塔身、塔刹四部分组成。地宫为石质六角形竖井，内置汉白玉须弥座，座上置石函三重，函中供奉舍利。塔基、塔身均为生铁铸造，塔基须弥座八面铸有铁围山、大海、八仙过海、二龙戏珠及石榴花饰纹，座八隅各铸顶塔力士一尊，全身甲胄，脚踏仟山，状极威猛。塔身平座上铸有单钩栏，塔身各作四门，两两相对，隔层交错。塔身及平座铸有斗拱。腰檐出檐深远，翼角挑出龙头以悬风铃。塔身上著有铭文1 397字，记载了塔名、塔重、铸建年代、工匠和功德主姓名及有关史迹，还铸有佛像2279尊，俨然一幅铁铸佛国世界图。塔刹为铜质，形似为宝葫芦。

铁塔通体不施榫扣，不加焊粘，逐件叠压，自重以固。其外型俊秀挺拔，稳健玲珑，如玉笋嵌空。

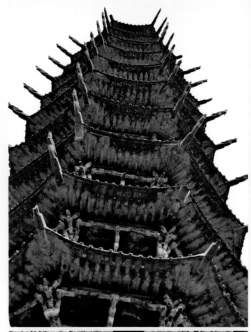

湖南长沙麓山寺

玉泉之南麓山殊
道林林壑争盘纡
寺门高开洞庭野
殿脚插入赤沙湖

麓山寺是第一个到湖南传播佛教的僧人竺法崇所建，距佛教传入中国仅200年左右，它不仅是湖南第一所佛教寺庙，也是我国早期佛寺之一。古麓山寺依山势而建，殿宇虽不多，却有一番巍峨壮观之相。

历史文化背景

麓山寺位于长沙市湘江西岸岳麓山山腰上，由萨竺法护的弟子竺法崇创建于西晋泰始四年（268年），寺初名慧光明寺，唐初改名为麓山寺。距今已有1700多年的历史，是佛教入湘最早的遗迹，现为湖南省重点文物保护单位和湖南省佛教协会驻地。

唐武宗会昌五年(845年)灭佛时，麓山寺殿堂全部被毁，唐宣宗大中元年（847年）景岑禅师于旧址上重建，改名"麓苑"。元、明朝时，麓山寺两废两兴，明神宗万历年间（1573-1620年）妙光于清风峡寺旧址重建大雄宝殿、观音阁、万法堂、藏经楼等，更名为"万寿寺"。清朝先后在智檀、文惺主持下，进行过几次大修。民国初年复名"古麓山寺"。抗日战争时期，弥勒殿、大雄宝殿、禅堂和斋堂等大部分建筑被被日军飞机炸毁，仅存山门、观音阁、虎岑堂等建筑。"文化大革命"以前曾有7名僧人住寺，"文化大革命"期间佛教活动中止。

1983年麓山寺被国务院确定为汉族地区佛教全国重点寺院，寺庙被移交给长沙市佛教协会管理，之后由政府拨款重修了大雄宝殿、弥勒殿、讲堂、禅堂。1994年8月圣辉法师任驻寺方丈，1999年经国家宗教局批准该寺创办湖南第一所佛教院校。

麓山寺是中国佛教史上著名的道场之一。自晋以后，历经法崇、法导、法愍、摩诃衍那、智谦等高僧住持，佛事日弘。法愍大师著《显验论》，注《大道地经》。隋开皇九年（589年），天台宗创始人智顗在此传经说法，宣讲《法华玄文》等天台名著，一时听众云集，对三湘佛教影响深远。唐时，麓山寺盛极一时，寺院规模宏大，气势磅礴，殿堂华丽，声名蔚为大观，文人雅士竞相携游，或赋诗，或作文。唐开元十八年（730年），大书法家李邕撰写《麓山寺碑》以记其胜。因其文章、书法、刻工俱为上乘，世称"三绝碑"。

麓山寺自晋代创建以来，经过隋唐的发展，宋元的延续，至明代中期已成为全国佛教禅宗派著名的胜地，为彰扬麓山寺的功绩，明神宗于万历年间，特赐名"万寿禅寺"。明末，禅寺毁于兵火，后于清康熙年间又重新修复，但规模远小于前。1944年再毁于日军战火，仅存山门及观音阁。1986年由长沙市佛教协会主持（现任麓山寺方丈圣辉法师为中国佛教协会副会长）恢复原貌。

建筑布局

麓山寺左临清风峡，右饮白鹤泉，有"汉魏最初名胜，湖湘第一道场"之誉。麓山寺由山门、弥勒殿、大雄宝殿、观音阁、斋堂等主体建筑组成。山门后是放生池，前进为弥勒殿，弥勒殿左有钟楼，右为鼓楼。中进为大雄宝殿，即正殿，面阔七间，进深六间。殿左是五观堂和客堂，殿右是讲经堂。后进为观音阁，又叫藏经阁。

设计特色

麓山寺山门为牌楼式，正中之上镌"古麓山寺"四字，门楼两侧镌著名的楹联"汉魏最初名胜，湖湘第一道场"，准确地概括了麓山寺的历史地位。大雄宝殿又名千佛殿，建筑为重檐歇山顶式石木结构，殿周石柱26根，上盖金色琉璃瓦，檐饰祥云、龙凤、飞天、斗拱、飞檐。

【史海拾贝】

麓山寺保存下来的珍贵文物是麓山寺碑，为唐开元十八年（730年）刻于古麓山寺，明代砌亭覆盖，清咸丰年间移嵌于岳麓书院楼壁间，现保存在湖南大学。碑高2.72米，宽1.33米，是唐代大书法家李邕撰文并书，碑额篆书"麓山寺碑"四个大字，碑文为行楷书，内容叙述自晋太始年间建麓山寺至唐开元立碑时，寺的兴废修葺和历届禅师宣扬佛法的经过，还描写了岳麓风光，全文共1 413字，因其文采、书法、雕刻都极美，又李邕曾任北海太守，故称《北海三绝碑》。李邕（678~747年），字泰和，扬州江都人，工书善文，名满天下，善以行、楷书碑，自成一格。此碑对后人影响较大，宋代苏轼，米芾稍袭基法，元代书法家越孟"每作大字，一意拟之"。明董其昌誉其"右军如龙，北海如象"。该碑是我国著名的唐碑，属湖南省重点保护文物。

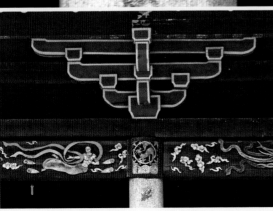

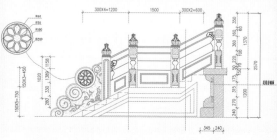

江苏扬州大明寺

千年古刹出高僧
传教弘法堪典范
悠久历史集古物
庄严牌楼引宇殿

大明寺

大明寺历史悠久,佛学源远流长,集佛教庙宇、文物古迹和园林风光于一体。其优美的地理环境与绝妙的人文胜境相辅相成,建筑群庞大、殿宇巍峨。西园是一座富有山林野趣的古典园林,其装饰精美别致,有步移景变之感。

泉五第下天

历史文化背景

大明寺位于扬州城区西北郊蜀冈风景区之中峰,初建于南朝宋孝武帝大明年间(457-464年),故称"大明寺"。隋仁寿元年(601年),文帝杨坚六十寿辰,诏令在全国三十个州内立三十座塔,以供奉舍利(佛骨)其中一座建立在大明寺内,称"栖灵塔"。塔高九层,因寺从塔名,故"大明寺"与"栖灵寺"并称;又因大明寺在隋宫、唐城之西,亦称"西寺"。唐会昌三年(843年),栖灵塔遭大火焚毁。会昌五年,武宗诏令毁全国大寺四千余所、中小寺院四万余所,佛教徒称之为"会昌法难",大明寺未能免于此难而遭毁坏。唐末吴王杨行密兴修殿宇,并更名为"秤平"。宋景德年间,僧人可政化缘募捐。集资建塔七级,名"多宝"。真宗赐名"普惠"。

寺庙自宋末历经元朝至明初沿称"大明寺"。明天顺五年(1461年),僧人智沧溟决心重建庙宇,经师徒三代经营,规模渐复,后经变乱,塔寺变为荒丘。万历年间郡守吴秀建

寺复垲。崇祯年间巡漕御史杨仁愿又重建寺庙。清康熙、乾隆二帝多次南巡维扬，寺庙不

断增建，规模逐步宏大，光禄寺少卿汪应庚费力颇多，大明寺遂成为扬州八大名刹之首。

清廷因讳"大明"二字，曾沿称"栖灵寺"。乾隆三十年（1765 年），当高宗第四次巡游

扬州时，御笔题书"敕题法净寺"（敕：皇帝号令）。其实大明二字并非指大明王朝，

而是南北朝时期，南朝宋孝武帝刘骏的年号，与大明王朝相隔　　　千载。咸丰三年（1853

年），法净寺毁于太平军与清军之兵燹。同治九年（1870 年），　　盐运使方浚颐重建。

　　民国二十三年（1934 年），国民党中央执行委员邑　　人王柏龄（字茂

如）一度重修寺庙。民国三十三年（1944 年），大明寺住持　　昌泉禅师与程帧祥

募集资金，由王靖和董理工程，重修庙宇佛像。1951 年修　　建寺庙。1957 年

8 月，法净寺列为江苏省文物保护单位。1963 年，又　　重修寺庙。

1966 年，"文革"时期，"红卫兵"以破四旧为名，要　　砸烂寺庙佛像。

出于周恩来总理的电谕，要坚决保护大明寺文物古迹。地　　方政府采取封闭

庙宇的措施，因此寺庙才幸免于难。1973 年，鉴真纪念　　堂建成。1979 年 3

月，寺庙全面维修，所有佛像贴金箔，此后至今寺内香　　火不断，中

外宾客云集于此以祈求吉祥。1980 年，为迎接鉴真大　　师像从日本

回扬州"探亲"又将"法净寺"复名为"大明寺"。

建筑布局

　　大明寺依山面水，坐北朝南，牌楼、山门（天王殿）、庭院、大雄宝殿依次在中轴线

上，大雄宝殿的东侧是平远楼，西侧向前是平山堂。平山堂、谷林堂、欧阳祠在同一轴线上。

平远楼、陈列室、碑亭、鉴真纪念馆在与其平行的一轴线上。其他建筑，如北面的藏经楼、

卧佛殿等都紧密有度，保证了整个建筑群的有序感。

设计特色

大明寺殿宇巍峨。牌楼庄严典雅，四柱三楹，下砌石础，仰如华盖。大雄宝殿为清代建筑，面阔三间，前后回廊，檐高三重，漏空花脊。藏经楼为单檐硬山顶式建筑，二层五楹，轩敞疏廊。

西园内山石高耸，苍松翠柏，荫翳天日。假山、池沼、亭台、馆榭等把园内装点得精美别致，有步移景变之感。

【史海拾贝】

大明寺之所以名扬海内外，其悠久历史固然是主要因素，但更重要的一个原因，是因为这里曾经出了一位大德高僧，他就是唐代的鉴真和尚。鉴真和尚曾在大明寺讲律传戒，名闻遐迩，为僧俗所景仰，有着崇高威望，享"江淮化主"之誉。为了兴隆佛教，弘法东洋，他接受日本僧人邀请，欣然率领众僧东渡扶桑。大师东渡弘法是义无反顾的。当时，他的弟子们因道路遥远，"沧海淼漫，百无一至"，而犹豫踟蹰。鉴真却毅然决然："为是法事也，何惜身命？诸人不去，我即去耳！"足见他的深远识见和坚强决心。鉴真大师不畏艰险，五次东渡失败，却毫不灰心，决不退缩，终于在天宝十二年（753 年），以双目失明之 66 岁高龄成功抵达日本，实现凤愿。他的百折不回的坚强意志，令后人无比景仰与敬慕。鉴真在日本传播佛教戒律、兴造寺庙佛像、广授书画技艺、推广医药饮食、弘扬大唐文化，被日本人民奉为"文化恩人"。鉴真大师是传教弘法的光辉典范，是中国人民的友好使者。他是中国佛教史上罕见的杰出人物，也是大明寺最大的荣耀和骄傲。

【牌楼】

　　牌楼为纪念栖灵塔和栖灵寺而建。中门之上面南有篆书"栖灵遗址"四字，为清光绪年间盐运使姚煜手书，字体雄美。牌楼前面南而踞的一对石狮格外引人注目，石狮按皇家园林规格雕镌，造型雄健，正头，蹲身，直腰，前爪平伏，傲视远方。它们是扬州名刹重宁寺的古老遗物，20世纪60年代移至此处。寺前东西院墙上分别嵌着两块石碑，东为蒋衡山"淮东第一观"，西为王澍书"天下第五泉"大字。

【山门】

　　大明寺的山门殿兼作天王殿，正门上额"大明寺"三字是全国政协副主席、已故中国佛教协会前会长赵朴初集隋代《龙藏寺碑》而镌，字体古风流溢。殿内供有弥勒像，背面为护法韦驮，两旁分立持国、增长、广目、多闻四大天王。

【大雄宝殿】

　　大雄宝殿屋脊高处嵌有宝镜，阳有"国泰民安"四字，阴有"风调雨顺"四字。大雄宝殿内法相庄严，经幢肃穆，法器俱全。正中坐于莲花高台之上的释迦牟尼大佛，被尊称为"大雄"。大佛两侧是他的十大弟子中的迦叶和阿难，东首坐着药师佛，西首坐着阿弥陀佛。佛坛背后是"海岛观音"泥塑群像。两边是十八罗汉像。殿堂佛像全部重新装修，金光焕彩，法相庄严。

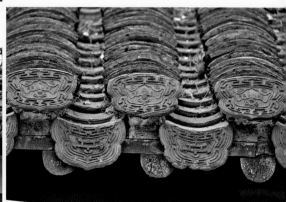

【藏经楼】

藏经楼于 1985 年建成，二层五楹，轩敞疏廊，屋脊之上阳嵌"法轮常转"，阴刻"国泰民安"。"藏经楼"匾额由赵朴初题书，正厅两侧有赵朴初集《金刚经》句题联："当知是处恭敬供养，不可以百千万说其功德；若复有人受持读诵，已非于三四五佛种诸善根。"

【平山堂】

　　平山堂位于大殿的西侧，有"仙人旧馆"门额。平山堂是北宋大学家欧阳修任扬州太守时所建。堂前花木扶疏，庭院幽静，凭栏远眺江南诸山，恰与视线相平，"远山来与此堂平"，故称"平山堂"。堂前有联曰："过江诸山到此堂下，太守之宴与众欢"，是欧阳修当年潇洒流运的生动写照。后来苏东坡任扬州太守时，常来此凭吊，并在后面为欧阳建造了"谷林堂"和"欧阳河"。

【西园】

西园始建于清乾隆元年(1736年)，咸丰间毁于兵火，同治间重修。1949年后又多次重修。今园中古木参天，怪石嶙峋，池水潋滟，亭榭典雅，山中有湖，湖中有天下第五泉。据唐人张又新《煎茶水记》所载，这里的泉水在当时被品评为天下第五。宋欧阳修在《大明寺泉水记》中称："此井为水之美者也。"今天，人们游历大明寺，仍以饮天下第五泉水为乐事。

此外，园内还有"御碑亭"，有乾隆皇帝御碑三块。园内山石高牟，苍松翠柏，荫翳天日。假山、池沼、亭台、馆榭等把园内装点得精美别致，有步移景变之感。

江苏南京鸡鸣寺

古鸡鸣寺复明清
首刹之誉始于初
依山而建显雄伟
青石雕花破雅俗

鸡鸣寺

鸡鸣寺为皇家规制而建，规模宏大、金碧辉煌、盛极一时，被誉为"南朝四百八十寺"首刹。

鸡鸣寺集山、水、林、寺为一体，环境十分幽雅，而且其建筑突显明末清初的建筑风格，殿宇雄伟不凡，结构严谨、细部装饰讲究。

宗教建筑 ◆ 112 ◆

历史文化背景

鸡鸣寺位于鸡笼山东麓，是南京最古老的梵刹之一。在西晋永康元年（300年）就曾在此倚山造室，始创道场，南朝梁普通八年（527年），在鸡笼山创建寺院。寺兴一城（梁宫城）隔路相对，为入寺进出方便，梁武帝特意在宫后别开一门、直对寺之南门，称大通门，取反语以协同泰为名，故名通泰寺。寺内设有大殿六所，小殿及殿堂十余所，一座九层浮屠（宝塔）和一座七层高的大佛阁。供奉着十方金佛和十方银佛，皆极壮丽。整个寺院为皇家规制而建，规模宏大，金碧辉煌，盛极一时，无愧于"南朝四百八十寺"首刹之誉，为当时南方佛教中心。从此，这里才真正成为佛教圣地。

五代十国杨吴义顺二年（922年），才在同泰寺遗址半基建一城千佛院。南唐时称净居寺，建涵虚阁，后又改为圆寂寺，至宋代又分其半地置法宝寺。至明初，这里只有一座小小的普济禅师庙。同泰寺遗址，自梁以后，历经隋、唐、宋、元各朝代，虽钟鼓香灯不泛声焰，然而规模卑隘，远非昔时能比。

明洪武二十年（1387 年），明太祖朱元璋在完成明孝陵工程后，又命崇山侯李新督工，在同泰寺故址上重建寺院，这座南朝古刹又重现异彩。明时香火鼎盛。明以后，由于年深月久，鸡鸣寺日益衰败。清朝康熙年间曾经过二次大修，并改建了山门。康熙南巡时，曾登临寺院，为古刹题写了"古鸡鸣寺"大字匾额。乾隆十五年（1751 年），为了迎接乾隆皇帝和太后南巡，又重建了凭虚阁，楼内供奉着大慈大悲的观世音菩萨。光绪二十年（1894 年）两江总督张之洞为了纪念好友及学生，戊戌六君子之一的杨锐，在鸡鸣寺殿后面建楼一座，取当年杨锐反复吟诵的杜甫名诗："君臣上论兵，将帅暖燕苏。朗咏六公篇，夏来豁蒙楼。"亲取楼名为豁蒙楼，并书为匾额。

民国三年（1914 年）寺僧石寿和石霞又在豁蒙楼旁增建一楼，取其古意，名为景阳楼。从明清以来古鸡鸣寺逐步形成为香火道场，一直续到新中国成立后。

新中国成立以后，人民政府为了保护名胜古迹，决定重建古鸡鸣寺，将其恢复到明末清初的建筑规模。1983 年动工建筑经历数年，建成大雄宝殿、毗卢宝殿、观音殿，修复了施食台、老山门，又建了新山门。1990 年重新建造一座七层八面的药师佛塔。

建筑布局&设计特色

鸡鸣寺山门依山而建，位于鸡鸣寺路左侧石级上，山门左为施食台（志公台）。施食台前为弥勒殿，其上为大雄宝殿和观音楼。大雄宝殿之东为凭虚阁遗址，西为塔院。观音楼左侧为豁蒙楼，比较轩敞。外山门、三大士阁、钟鼓楼、禅房、素菜馆等建筑占地面积约5万平方米。鸡鸣寺内全部采用青石铺设地面和青石磨光雕花工艺。各殿宇气势恢宏，斗拱较大，显示出非凡的建造工艺。天王殿位于数级台阶之上，重檐歇山顶。

【史海拾贝】

据史料记载，早在孙吴时期，现鸡鸣寺所在之处就已建有一寺，名为"栖玄寺"，此因鸡笼山北面有栖玄塘而得名。南朝宋文帝刘义隆第七皇子、建平王刘宏为人谦俭周慎，深得父王信任，便赏赐其在鸡笼山东偏北处建宏敞府第。

刘宏于宋大明二年（458年）临终前，嘱咐将鸡笼山下东偏北处的府第捐为寺庙，沿用名"栖元寺"，元、玄同义，南齐时改名建元寺。孙吴时期开拓了南北向的潮沟（在今南京市机关大院西墙附近），南接城北渠、运渎，经栖玄寺门前，北通玄武湖，后来，明代筑城时阻断了该潮沟，但此沟的南端直至20世纪80年代初尚存，沟旁尚有几棵老槐树。从这些资料看，三国孙吴时的栖玄寺该是鸡鸣寺的前身。

还有人认为三国时，栖玄寺曾是孙吴府第的后苑，晋代时，该地是廷尉署。如果栖玄寺确实是鸡鸣寺的前身，那么，鸡鸣寺的历史就可向前延伸300年，但是，对这一说法存在着争议。

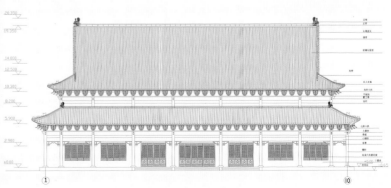

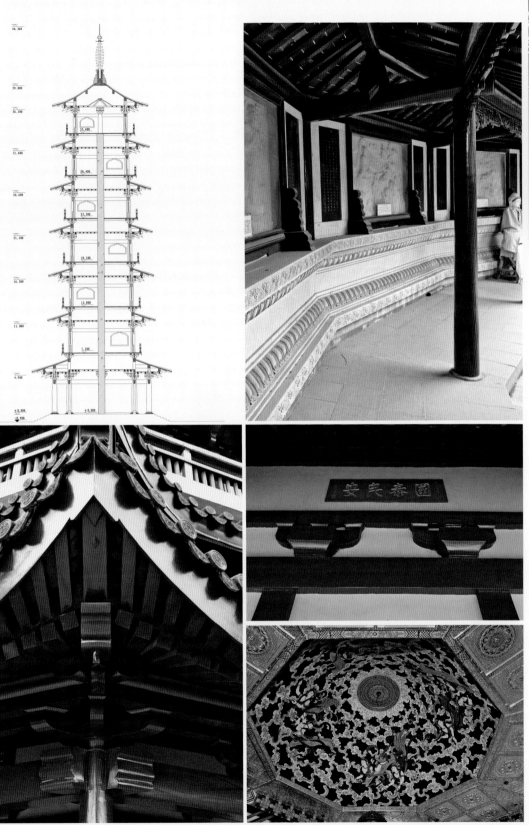

江苏开元寺无梁殿

百年经阁遗古寺
无柱无檩冠结构
精致砖券巧取胜
造型三防引世讴

开元寺

开元寺无梁殿歇山顶及腰檐敷绿间黄琉璃筒瓦，与清水砖外墙面相映成趣。无梁殿不但造型精美，而且防火、防潮、防蛀，于宏伟庄重中有玲珑华丽之致，反映出明代苏州建筑技艺的高超水平，故有"结构雄杰冠江南"之誉，是明代砖木结构建筑的典型代表之一。

历史文化背景

苏州开元寺初名通玄寺，三国东吴赤乌年间孙权为乳母陈氏所建。隋开皇九年（589年）吴县令孙宽废寺，唐贞观二年（628年）僧慧重兴。开元二十六年（738年）诏令改名。大顺二年（891年），孙儒占据苏州，开元寺被付之一炬。五代后唐同光三年（925年），吴越钱氏迁建开元寺于盘门内现址。宋至明屡经废兴。清咸丰十年（1860年）又毁于兵火，同治十二年（1873年）稍事重修，未复旧观。

曾建有大殿、石佛殿、戒坛、天王殿、地藏殿、万佛阁、无梁殿等建筑，规模甚为可观。山门朝南，在梅家桥弄（今新市路）北侧，20世纪50年代其遗址尚存青石狮子一对。

无梁殿即藏经阁，是开元寺仅存的

一座古建筑，建于明万历四十六年（1618 年）。原供奉无量寿佛，又名无量殿。因为都是磨砖嵌缝纵横拱券结构，不用木构梁柱檩椽，故习称无梁殿。因"阁顶久

经燥湿寒暑，滋长顽木，纠蔓蔽障，日渐侵损"，清道光九年（1829 年）曾重修，当年潘曾沂撰、梁章钜书《吴郡开元寺重修藏经阁记》石刻犹存。

　　开元寺无梁殿于 1956 年被列为江苏省文物保护单位，并于 1957 年修配楼层平座栏杆、上下檐垂莲柱，并维修屋顶，又于 1961 年掀瓦拔树，修复屋面，1975 年以后平均每隔三四年就要作一次同样的小修。

建筑布局

　　开元寺无梁殿坐北朝南，两层楼阁式。面阔七间 20.9 米，进深 11.2 米，通高约 19 米。无梁殿南北立面相同，上下各辟拱门五座，门旁砌出半圆倚柱，上下各 6 根。东西山墙楼层正中各辟券窗一扇。楼层明间南北拱门上方各嵌汉白玉横额，分刻"敕赐藏经阁"和"普密法藏"。底层明间及两次间南北拱门也有汉白玉横额，镌佛典三藏总目"经""律""论"的梵文汉字音译篆书"修多罗""毗奈耶""阿比昙"。

设计特色

　　开元寺无梁殿砖券结构和细部手法以精致取胜。其底层倚柱砖雕须弥座，上下檐垂莲柱、雀替、华版、额枋、斗拱，楼层平座栏杆、斗八

藻井，殿顶琉璃游龙花卉脊饰等，无不工细精巧。

整座建筑不但造型精美，且依据藏经防火、防潮、防蛀的要求，用金山花岗石和磨细青砖叠砌而成，所以能历劫不毁。

【史海拾贝】

建立开元寺的孙权（182~252 年），字仲谋，吴郡富春（今浙江富阳）人，生于下邳（今江苏徐州市邳州）。三国时代东吴的建立者。父亲孙坚和兄长孙策，在东汉末年群雄割据中打下了江东基业。建安五年（200 年），孙策遭刺杀身亡，孙权继而掌事，成为一方诸侯。建安十三年（208 年），孙权与刘备联合于赤壁打败曹操军队，建立了孙刘联盟。建安二十四年（219 年），孙权派吕蒙袭取刘备的荆州成功，使其领土面积大大增加。

黄武元年（222 年），孙权被魏文帝曹丕封为吴王，建立吴国；黄龙元年（229 年），孙权正式称帝。孙权称帝后，设置农官，实行屯田，设置郡县，并继续剿抚山越，促进了江南经济的发展。在此基础上，他又多次派人出海。黄龙二年（230 年），他派卫温到达夷州。

孙权晚年在继承人问题上反复无常，引致群下党争，朝局不稳。太元元年（252 年）病逝，享年 71 岁，在位 24 年，谥号大皇帝，庙号太祖，葬于蒋陵。孙权是三国时代统治者中最长寿的。

江西九江东林寺

东林西林踞东西
千年古寺甲一方
依山就势突布局
空间开合得益彰

东林寺

东林寺已有1600多年历史，沧桑历尽，屡废屡兴，为中国佛教净土宗发祥地，南方佛教中心，隋朝以后为全国佛教八大道场之一。东林寺布局合理，避阴抱阳，采用中国古代山林建筑群经典的空间层次布局方式，依山就势，开合有致，殿阁塔院交相辉映，雄伟无比。

历史文化背景

东林寺位于庐山北麓，是中国佛教净土宗发祥地，因处于西林寺以东，故名东林寺。东林寺是东晋名僧慧远于公元386年创建，为庐山历史悠久的寺庙之一，汉唐时成为中国佛教八大道场之一。唐代高僧鉴真曾至此，将东林教义携入日本，至今日本东林教仍以慧远为始祖。东林寺自建造以来，已有1600多年历史，沧桑历尽，屡废屡兴，现寺内诸殿及聪明泉等名胜均已修复。1983年，东林寺被国务院列为汉族地区佛教全国重点寺院、国家著名佛教道场、江西省三大国际交流道场之一。东林寺现在的建筑多系"文革"后重建。

建筑布局

东林寺前溪后山，轴线自北而南稍偏东，基地东西约130米，南北约300米。东林寺采用中国古代山林建筑群经典的空间层次布局方式，依山就势，将中轴线规划为山门殿（即天王殿）、三圣殿、大雄宝殿、拜佛台、接引桥、大佛台等数个区域，精心规划为三圣殿、拜佛台、大佛台等七个苑区。苑区空间开合有致，相得益彰。其间以钟鼓楼、登山阶梯、服务区等相互连接，形成一个既错落又呼应的空间整体。朝礼之路由缓渐陡，其间有虹桥飞跨，衔山接路，至宽阔的礼佛台前。

神运殿（大雄宝殿）是东林寺主殿，高19米，进深24米，面积386平方米。五百罗汉堂在神运殿东、西两侧。再后，西有祖师堂、十八高贤堂。堂前有"出木池"。祖师堂北为方丈楼，楼东藏经阁。藏经楼东为祖堂。更东 复有念佛堂，是东林寺现在主要念佛场所。聪明泉在全寺最后。

设计特色

东林寺殿阁塔院交相辉映，主体建筑大雄宝殿仿宋式建筑，殿内共有大小金身佛像七十余尊和五百罗汉堂。重塑的五百罗汉为泥塑，形态各异，栩栩如生。

【史海拾贝】

传说东晋时，东林寺主持慧远大师在寺院深居简出，"影不出山，迹不入俗"。他送客或散步，从不逾越寺门前的虎溪。如果过了虎溪，寺后山林中的老虎就会吼叫起来。有一次，诗人陶渊明和道士陆修静来访，与慧远大师谈得投机。送行时不觉过了虎溪桥，直到后山的老虎发出警告的吼叫，三人才恍然大悟，相视大笑而别。这个"虎溪三笑"的故事，反映了儒、释、道三家相互交融的一面，为历代名士所欣赏。至今东林寺内的"三笑堂"和蹲伏在虎溪桥畔的石虎，都源出这则传说，宋代石恪亦曾绘《虎溪三笑图》，可惜已经失传，现图为1935年所刻。

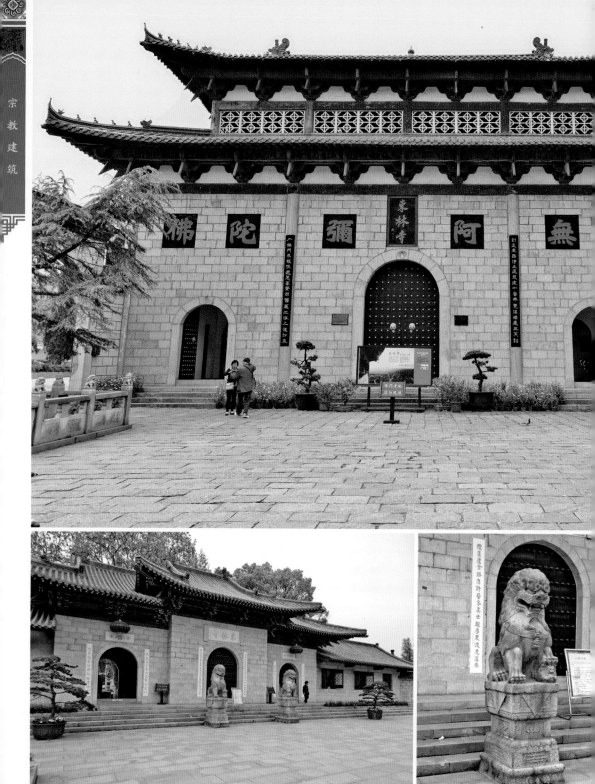

東林寺平面圖

【三圣殿】

　　三圣殿区全长90米，以七宝莲池为核心，左右配殿，主殿与连廊相接，形成一个略似故宫午门五凤楼的设置格局。既寓意一个敞开双臂接引的博大胸怀，又再现了盛唐净土寺院八功德水及亭台楼榭的繁盛景象。殿内供奉阿弥陀佛与观音、势至二大菩萨之像。有净土变壁画，营造出一种置身西方佛国那欢快、欣悦的氛围，是围绕"接引"主题的诠释与渲染。

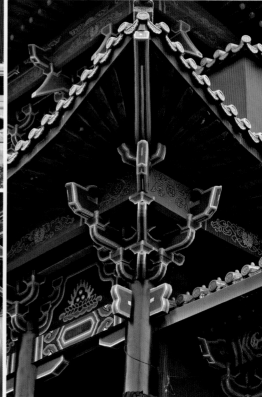

143

【大雄宝殿】

　　大雄宝殿区全长有180米，左右有配殿分两个区域展开。一是以佛舍利塔为中心。周边有连廊与过殿，塔中供奉佛的真身舍利，供信众绕塔供养修行，瞻拜舍利，缅怀佛的功德，生起念佛的善根。二是大雄宝殿与配殿相连的区域。大殿为重檐庑殿，殿身深七间，平面为九间，是中轴线上规模最大的殿堂。大雄宝殿殿后直对登山台阶，台阶起伏延伸。其间设置亭台，既可驻足歇息，又可凭栏望远，可获"于庐山之外方识其真面目"之悦。

上海静安寺

千年古寺盛于元
宋风建筑引众愕
山门拱券刻云纹
钟楼鼓楼讨恩阁

静安寺

静安寺是一座弥漫着宋古遗风且璀璨辉煌的寺庙建筑群落，具有悠久的历史文化。静安寺屡经兴废，现存建筑群布局严谨，建筑不仅雄伟壮观，而且保持宋代建筑风格，实属难得，其细部装饰也颇为考究。

历史文化背景

静安寺位于上海市南京西路，据碑志，静安寺建于三国东吴大帝孙权赤乌十年（247年），创始人为康僧会。寺址原在吴淞江（今苏州河）北岸，初名沪渎重元（玄）寺。唐代一度改名永泰禅院。北宋大中祥符元年（1008年）始改名静安寺。

南宋嘉定九年（1216年），因寺址逼近江岸，受江水冲击，有倒塌的危险，所以住持仲依将寺迁至芦浦沸井浜一侧，即现今寺址。静安寺迁至今址后，规模逐渐扩大，至元时，蔚成巨刹。清以来，寺屡经兴废。光绪二十年（1894年），住持正生于大殿左右两侧增建两座楼房，再次修葺全寺，使静安寺恢复旧观。

1919年，寺前填浜扩路，筑成通衢，命名为静安寺路（即今南京西路）。1920年，寺僧常贵会同沪绅姚文栋等人在大殿东兴建三圣殿。1966年"文革"中，寺庙遭受严重冲击，佛像被毁，法器文物等劫掠一空，曾众被逐，整座寺宇被改为工厂。1983 年，静安寺被国务院列为全国汉族地区佛教重点寺院之一。1984 年，按照历史原貌修复。

建筑布局

　　静安寺建筑布局在严格的中轴线上。从南至北依次　　　　　　　座落着山门、钟楼、鼓楼、大雄宝殿和法堂。静安寺山门朝南，　　　　　　与天王殿合一。大雄宝殿是静安寺的主体建筑，其两旁是东西厢房，　　　　有两层雕梁廊道与整个寺院相连。

设计特色

　　静安寺山门地面层铺砌优质花岗岩，半椭圆型拱门门券雕刻着宋代云纹花饰。钟楼鼓楼各有特色，钟楼底层是重新恢复的"天下第六泉"——涌泉，上悬精铸 7.3 吨的和平钟。鼓楼采用架空方式将地铁出入口覆盖起来，上置直径 3.38 米牛皮大鼓。

　　大雄宝殿殿高 26 米，庑殿重檐，内竖 46 根直径 0.72 至 0.8 米、精心加工的柚木柱子，建筑用木料达 3 000 多立方米，大雄宝殿以铜瓦为顶。殿内供奉一尊 15 吨纯银铸造的释迦牟尼佛像。大殿底层为千人讲经堂，地下　　　　　　为 1 000 平方米的藏经库，内将存放 13 万片石刻藏经，　　　　以保后世流传。

静安宝塔座落在静安寺西北隅的，为 7 层平面方形，宝塔占地面积 85 平方米，建筑面积 952 平方米，塔刹为金刚宝座塔样式，青铜浇铸，表面贴金。金佛殿座落于大雄宝殿后面的法堂最高层，仿宋代建筑风格，柚木铜顶架构，殿内将供奉一尊两吨重纯金释迦牟尼佛像。法堂东、西顶端 20 米高处，建有知恩阁和报恩阁，与庙前的钟、鼓楼遥相呼应。

【史海拾贝】

在静安寺，有"静安八景"，元代诗僧寿宁辑即赤乌碑、陈朝桧、讲经台、虾子潭、涌泉、绿云洞、沪渎垒、芦子渡。而今，"静安八景"原址早已不复存在，但静安公园内，面积不超过 2 300 平方米的"八景园"，精心再现了 1 700 多年前的"八景"之美。小小的一座园中园，浓缩、概括盛时"静安八景"的意境和特征，再运用传统园林艺术手法将其有机结合，这已不是历史、人文、文化景观的简单再现，而是一个独具匠心的创意之作。

151

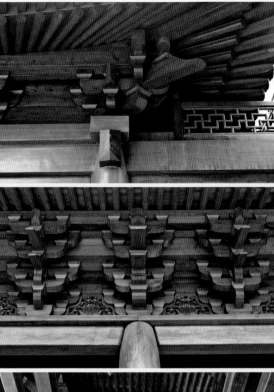

上海玉佛寺

丹艧舼綾
崇闳壮丽
蔚为巨刹
甲于海上

玉佛寺

玉佛寺不仅是沪上名刹，也是闻名于海内外的佛教寺院。其环境幽静古朴，建筑群在中轴线上依次展开，布局严谨，错落有致。建筑保留了宋代风格，结构和谐、气势宏伟。照壁上的砖雕比例适当、配置匀称、立体感强，具有较高的艺术观赏价值。

历史文化背景

玉佛寺位于上海普陀区安远路，创建至今已有130年的历史，前后有十一任住持。首任住持慧根法师于清光绪八年（1882年）从缅甸请回大小玉佛5尊，留下两尊供沪上信众瞻礼。先在上海张华浜建茅蓬，后于沪郊江湾车站附近建寺，供奉玉佛。慧根法师圆寂后，由本照、宏法法师先后继任住持。宏法法师圆寂后，由可成法师继任住持。他于1918年起，在槟榔路（今安远路）建新寺，10年方成，即今天的玉佛禅寺南院所在地。因可成法师传承禅宗临济法脉，故定名为"玉佛禅寺"。

玉佛禅寺以供奉玉佛而得名，寺内有北魏、唐、宋、元、明、清历代珍贵文物。1983年，玉佛寺被国务院确定为汉族地区佛教全国重点寺院。

建筑布局

现玉佛寺分为前院和后院两大部分，占地面积约 7 733 平方米，建筑面积 8 856 平方米。前院，即玉佛禅寺原来的寺址。中轴线上依次为大照壁、天王殿、大雄宝殿、般若丈室（楼上为玉佛楼和藏经楼）。东山门以东，依次为上海市佛教协会、观音殿、上海佛学院、禅堂、五观堂和素斋部。西山门以西，依次为客堂、寺务处、库房、铜佛殿、卧佛殿、法物流通处、上客堂和乐志堂。

后院，即 2000 年购进的原利群医院旧址，这里建造有一座多功能的觉群大楼，由多功能讲堂、客房、办公区、教学区、宿舍区等组成。

玉佛寺的第一进殿堂，即天王殿。这是一座两层楼的殿堂，座北朝南，略向东偏。正面开三个门，即为玉佛寺山门。大雄宝殿是寺内的主体建筑，宽七间，进深五间。

设计特色

大雄宝殿是寺院建筑的主体部分，建在一米多高的台基上，四周有石雕栏杆围绕，每个栏柱上雕着小狮子像，其像小巧玲珑，神态各异。大殿是外观二层的仿宋宫殿式建筑。飞檐下挂着铃铛，微风吹来，风铃合鸣。殿中央供奉着三尊大佛，中间是释迦牟尼佛，两边分别是东方药师佛和西方阿弥陀佛。佛像通高四米，

坐在六角形莲台上，面部神情安祥，双目俯视，两耳下垂。佛像全身装金，更显得金碧辉煌，肃穆庄严。

【史海拾贝】

弥勒菩萨殿内正中，面向山门，供奉着一尊弥勒坐像，袒胸露腹，笑容可掬。在佛教中，弥勒佛是未来世佛，名"阿逸多"，是释迦牟尼的弟子，南天竺人。相传他在兜率天宫说法，是继释迦牟尼之后我们这个世界的教主。成佛后，在龙华树下三会说法，度尽九十六亿众生。据记载，他曾三次在我国现身。第一次，是在南朝的齐、梁、陈之际。他出生于浙江义乌，姓傅名翕，后来人称傅大士，曾向梁武帝说过法。第二次，是在唐末，化现于福建莆田，也留下不少传奇故事。第三次，是在五代的梁朝，这就是家喻户晓的布袋和尚。法名契此，俗家名长汀子，身体胖乎乎，背一只布袋，别人供养他的东西，统统放进布袋，却从没有见他把东西再倒出来过，但那布袋又永远是空空的。假如有人向他请问佛法，他就把布袋放下。如果不懂他的意思，继续再问，他就立即提起布袋，头也不回地离去。人家还不理会他的意思，他就捧腹大笑。他的形象很鲜明，圆寂前诵偈"弥勒真弥勒，化身千百亿，时时示世人，世人都不识"，因此被人认为是弥勒佛的化身。后世人们常在寺院里把弥勒像塑成布袋和尚的形象。

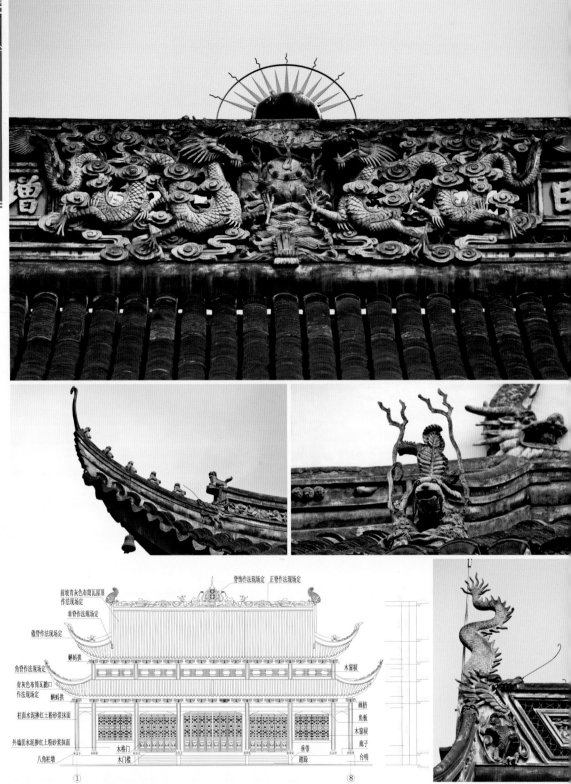

脊饰作法现场定　　正脊作法现场定

前披青灰色布筒瓦屋顶
作法现场定

垂脊作法现场定

破脊作法现场定

鳅蚪拱

角脊作法现场定

青灰色布筒瓦擔口
作法现场定

鳅蚪拱

木窗棂

柱面水泥掺红土粉砂浆抹面

画枋
鱼板
木窗棂
廉子
台明

外墙面水泥掺红土粉砂浆抹面

八角柱墩

木格门
木门槛

垂带
踏跺

① ⑧

佛道崇虚

禹雨利水陆空三

【照壁】

　　玉佛寺的照壁分为五个部分，每一部分正中镶着一幅圆形砖雕，中间一部分最为高大，砖雕为蛟龙吐水图。龙是中国民间神话创造出来的一种神物，具有呼风唤雨的能力。砖雕正面为巨龙的头像，面目狰狞，四爪虬劲有力，龙口张开吐出一股激流，龙身四周烟云缭绕，看上去云水翻腾，风雷激荡，与此成为对照的是相邻的两幅砖雕。

　　圆形的砖雕中间，是一个回首站立的凤凰，周围分布着牡丹、芍药、祥云、山岩。凤凰和龙一样，也是中国民间创造的一种代表吉祥的神鸟。整个砖雕洋溢着一种安祥静谧的气氛，看后令人心神宁静，与中间的一幅风格迥异，形成了强烈的对照。

　　三种不同内容的五幅砖雕，均出自民间工匠之手，雕像比例适当，配置匀称，立体感强，具有较高的艺术观赏价值。

浙江杭州灵隐寺

春山古寺绕烟波
石磴盘空鸟道过
百尺金身开翠壁
万龛灯焰隔烟萝

灵隐寺

灵隐寺是江南著名古刹之一，杭州最早的名刹，也是中国佛教禅宗十大古刹之一。灵隐寺庙宇宏敞，建筑巍峨，古朴壮观，集精巧的建筑结构和精湛的雕刻艺术于一身，充分体现了古代中国劳动人民的聪明才智和艺术创造力，是我国古代建筑的杰作。

历史文化背景

灵隐寺始建于东晋咸和元年（326 年）至今已有约 1 700 年的历史，为杭州最早的名刹。灵隐寺地处杭州西湖以西，背靠北高峰，面朝飞来峰。

灵隐寺开山祖师为西印度僧人慧理和尚。他在东晋咸和初年在中原云游然后到了杭州，看到一座山峰，不经感叹："此乃中天竺国灵鹫山一小岭，不知何代飞来？佛在世日，多为仙灵所隐。"于是他在峰前建寺名日"灵隐"。灵隐寺初创时佛法未盛，一切仅初具雏形而已。至南朝梁武帝赐田并扩建，其规模稍有可观。唐大历六年（77 年），曾作过全面修葺，香火旺盛。然而，唐末"会昌法难"，灵隐受池鱼之灾，寺毁僧散。直至五代吴越王钱镠，命请永明延寿大师重兴开拓，并新建石幢、佛阁、法堂及百尺弥勒阁，并赐名灵隐新寺。

灵隐寺鼎盛时，曾有九楼、十八阁、

七十二殿堂，僧房一千三百间，僧众多达三千余人。南宋建都杭州，高宗与孝宗常幸驾灵隐，主理寺务，并挥洒翰墨。宋宁宗嘉定年间，灵隐寺被誉为江南禅宗"五山"之一。清顺治年间，禅宗巨匠具德和尚住持灵隐，立志重建，广筹资金，仅建殿堂就前后历十八年之久。梵刹庄严，古风重振，其规模之宏伟跃居"东南之冠"。清康熙二十八年（1689 年），康熙帝南巡时，赐名"云林禅寺"。新中国成立后，灵隐曾多次进行大规模整修。

建筑布局

灵隐寺共占地 86 667 平方米，殿宇恢宏，建构有序，层层递进，主要由天王殿、大雄宝殿、药师殿、直指堂（法堂）、华严殿为中轴线，两边附以五百罗汉堂、济公殿、联灯阁、华严阁、大悲楼、方丈楼等建筑所构成。

设计特色

灵隐寺内主要建筑有天王殿和大雄宝殿。天王殿入口的弥勒佛坐像，已有 200 年历史。弥勒佛背后的护法天神韦驮像为南宋时期作品。大雄宝殿高 33.6 米，是中国保存最好的单层重檐寺院建筑之一，气势轩昂，雄伟壮观，在国内其他佛教寺院中并不多见。大雄宝殿是清代所建的仿唐建筑，它采用古代建筑单层三重歇山顶的传统手法，加上四角翘起的飞檐为翼角，使庞大的屋顶显得雄姿巍巍。殿宇的黄色琉璃瓦饰、窗花、斗棋、飞天浮雕以及天花板上的云龙绘图，均显示了中国古代建筑的高超艺术。大雄宝殿中有一尊释迦牟尼佛像，是以唐代禅宗佛像为蓝本，用 24 块樟木雕刻镶接而成，共高 24.8 米，妙相庄严，气韵生动，为国内所罕见。殿内正中有贴金释迦牟尼像，净高 9.1 米，加上莲花底座和佛光顶盘，高达 19.69 米，坐像用 24 块香樟木拼雕而成，精细而庄严。大殿两侧分列"二十诸天"和"十二圆觉"像，神态各异，栩栩如生。殿后侧有海岛立体群塑，共有浮雕150多尊。灵隐寺的石雕、木雕、砖雕等极其细腻、精美、活灵活现，栩栩如生。可谓艺术之精品、极品。灵隐寺不仅是一座寺院，也是一座艺术宝库。

【史海拾贝】

韦驮，梵文音译为私建陀。依佛经传说，此神又称韦天将军，为南方增长天王手下八将之一，也是四天王三十二将中的首将，是僧团、寺院及斋供之最著名的护法神。在佛陀即将涅槃时，韦将军曾得到佛陀的附嘱，以护持佛法。因此，现在佛寺中，韦驮塑像一般都是面对大雄宝殿的释迦牟尼像，保护佛祖，驱除邪魔。灵隐寺韦驮雕像是南宋初期遗物，至今已有 800 余年的历史。这尊韦驮像高 2.5 米，是用一根香樟木雕刻而成，为灵隐寺中现存历史较早的佛像之一。

【药师殿】

药师殿为灵隐寺的第三重殿，单层重檐歇山顶，正门上方有原中国佛教协会会长赵朴初先生所题的"药师殿"三字，字体端庄，遒劲有力。殿中莲台座上结跏趺坐的是药师佛，左边站立的是日光菩萨，手托太阳，象征着光明；右边站立的是月光菩萨，手托月亮，象征着清凉。他们合称为"东方三圣"。大殿两边的12尊塑像，是药师佛的12位弟子，号称"药童"，又称药叉神将，顶盔掼甲，神态威武。手下各有7 000神兵供他调遣，他们按12个时辰轮流值班，负责教化和保护众生。

【理公塔】

　　该塔又名灵鹫塔，位于灵隐龙泓洞口之理公岩，为纪念开山祖师慧理而建，塔内有慧理骨灰。宋陆游曾撰《二寺记》。记述当年慧理曾晏息岩下，后有僧人在其四周镌刻罗汉像，并有"天削芙蓉""八面玲珑"等题刻。

浙江普陀山
天华百子堂

天华百子堂
菩萨好心肠
凡求必有应
每日送子忙

百子堂

天华百子堂由天华堂、百子堂两座寺院合二为一。修缮后的百子堂、天华堂的佛像都选用珍稀名木—桧木精制而成，无论选料材质或制作工艺，皆可堪称普陀山众多寺院中的一绝，为佛国造像艺术之精品。尤其是百子堂送子楼送子观音，为求观音赐子的最佳之地。

历史文化背景

　　天华百子堂由天华堂、百子堂两座寺院合二为一。天华堂原为静室，称青莲台。清咸丰年间僧福珍修建为庵，光绪二十五年（1899 年）毁于火灾。后徒月德修建，规制胜过旧庵，共有殿宇 82 间，建筑面积 2 621 平方米。新中国成立初修田、慧祥、静煜、静乾等 8 僧居住。"土改"后僧俗同住，1960 年后由当地 52 户农民居住。

　　百子堂原是一所茅蓬，清康熙初年为心一禅师初创，取名"六合庵"，康熙末年徒孙广博、续静等增建大悲阁，改名"松子庵"。光绪二十七年（1901 年），僧极得建外山门。民国十二（1923 年）春，增建送子殿、楼房，改名"百子堂"，共有殿宇 80 间，建筑面积 2 597.42 平方米。新中国成立初正慧、静清、永斌等六僧居住此庵，"土改"后僧俗同住，1960 年后由当地 40 户农民居住。为加快普陀山佛教和旅游事业的持续发展，普陀山重新开放后，当地政府对当地群众居住的旧庵堂逐年进行了有计划的腾退。2003 年，天华堂、百子堂两座各庵划归普陀山佛协会管理，并于 2005 年 4 月，根据修旧如旧的原则对其进行修葺，尽力恢复原有寺庵建筑的宗教气氛。

建筑布局与特色

重修后的天华堂有殿宇 80 余间，主殿大雄宝殿供奉释迦如来、文殊、普贤华严三圣和佛的十大弟子圣像。百子堂有殿宇 80 余间，建筑面积达 2 500 平方米。主殿大悲宝殿供奉千手千眼广大灵感观音大士和二十八部众。主佛像后壁，供奉冥阳救苦两利大愿地藏王菩萨宝像。送子楼恢复原貌供奉送子观音。送子楼楼下为"三宝佛殿"，天王殿供奉百子弥勒佛和童子仁王二位护法尊像。修缮后的百子堂、天华堂的佛像都选用珍稀名木—桧木精制而成，无论选料材质或制作工艺，皆可堪称普陀山众多寺院中的一绝，为佛国造像艺术之精品。尤其是百子堂送子楼送子观音，为求观音赐子的最佳之地。早在清康熙"柏子庵"时期，该庵堂观音送子"有求必应"的灵验事例就数不胜数。送子楼修建后，天华百子堂送子观音更是闻名遐迩，蜚声内外。大乘经典观音菩萨普门品上记载："设欲求男，礼拜供养观世音菩萨，便生福德智慧之男。设欲求女，便生端正有相之女，宿植德本，众人爱敬"。即说观音大士随类应现，有求必应，神通广大，无不灵感。天华百子堂观音送子是"海天佛国"观音道场一大特色，为欲求子者提供了一个理想的寺院场地。

天华、百子堂两座名庵现为市级文物保护单位，建筑风格为清中早期，与元代多宝塔、新建的仿宋建筑佛教博物馆、普济寺以及海印池、御碑亭、菩萨墙等佛国寺院景观有机连成一片，即便去第二大寺法雨禅寺也仅数分钟车程，为普陀山前山片断唐、宋、元、明、清佛教文化荟萃之宝地，历史人文积淀深厚，佛教文化氛围浓郁，是信众游客来山礼佛观光的首选必到之处。

浙江普陀山法雨寺

法雨古寺依普陀
殿宇取势超气象
寺院山门开东南
九龙宝殿无钉梁

法雨寺，也称"石寺"，为普陀山第二大寺院。法雨寺在建筑群的布局上，依山取势、分群处升，殿宇逐渐升高，宏大高远、气象超凡。法雨寺按皇家标准建造，其九龙照壁雕刻精湛，精美绝伦，主殿圆通宝殿属于古代建筑分级中的第二等级，极具清代殿堂建筑风格，整座大殿无梁无钉，"宏制巧构"，堪称中国木制殿堂一绝。

历史文化背景

法雨寺又称后寺，在普陀山白华顶左、光熙峰下，距普济寺2.8千米，为普陀三大寺之一。创建于明万历八年（1580年），因当时此地泉石幽胜，结茅为庵，取"法海潮音"之义，取名"海潮庵"。万历二十二年（1596年）改名"海潮寺"。三十四年（1606年）又名"护国镇海禅寺"，后毁于战火。清康熙二十八年（1689年），普济、法雨二寺领朝廷赐帑，同时兴建；后法雨寺的明益禅师又孤身入闽募资，历时三年，将所募财物用以建圆通殿，专供观音佛像，两年后又建大雄宝殿，供诸菩萨。康熙三十八年（1699年）清朝廷又赐金修寺，修缮大殿，并赐"天华法雨"和"法雨禅寺"匾额，因改今名。同治、光绪年间又陆续建造殿宇，成为名动江南的一代名刹。

圆通宝殿又叫九龙宝殿，的第三重大殿，也是法雨寺是法雨寺的主殿，建于清康熙三十八年（1699年）。1983年法雨寺被国务院列为首批对外开放的全国重点寺庙之一。

据《普陀山志》记载，当年康熙皇帝下发"拆金陵旧殿以赐"御旨，拆金陵故宫旧殿移建普陀山。当时运来琉璃瓦12万张和九龙藻井一架，这就是圆通宝殿为什么又叫九龙宝殿的由来。2006年05月25日，法雨寺作为清代古建筑，被国务院批准列入第六批全国重点文物保护单位名单。

建筑布局

法雨寺占地33 408平方米，现存殿宇294间，依山取势，分列六层台基上。入山门依次升级，中轴线上有天王殿，后有玉佛殿，两殿之间有钟鼓楼，又后依次为观音殿、御碑殿、大雄宝殿、藏经楼、方丈殿。法雨寺门与其他的寺院不同，山门不在寺院的中轴线上，而是设在了寺院的东南角，堪称法雨寺一奇。

设计特色

法雨寺整座寺庙宏大高远，气象超凡，按皇家标准建造，尤其是九龙殿是仿明故宫九龙殿。九龙照壁雕刻精甚，精美绝伦。寺内主殿圆通宝殿极具清代殿堂建筑风格，单层重檐歇山顶，属于古代建筑分级中的第二等级。殿顶覆盖的七彩琉璃瓦，为当年从金陵故宫运来的殿瓦。整座大殿无梁无钉，"宏制巧构"，堪称中国木制殿堂一绝。殿中供奉的毗卢观音菩萨坐像高 6.6 米。殿顶的藻井金碧辉煌，纹络精美，这就是被称为"普陀山三宝"之一的九龙藻井，是当年从金陵故宫的金殿拆移过来的，是罕见的明代御用文物，也是不可多得的建筑艺术珍品。藻井中间的蟠龙盘在井的顶部，昂首舞爪，其余的八条蟠龙绕着周围的八根垂柱，飞舞盘旋而下，争夺藻井中间悬着的这颗琉璃宝珠，形成了一幅生动的九龙争珠图。雕刻细致入微，工艺精湛，立体感极强。背后是大型群雕"海岛观音图"，整幅群雕布局巧妙，人物众多，场面壮观，气势恢宏。中间是飘逸自在的鳌鱼观音，周边以天庭、龙宫作为背景，散雕五十三位菩萨摩诃萨，栩栩如生。画面主要表现的是善财童子五十三参的故事。

【史海拾贝】

印光法师（1853~1941 年），俗名赵绍严，清咸丰三年（1853 年）生于陕西。21 岁在终南山莲花洞出家，后赴北京红螺山资福寺。光绪十九年（1893 年），印光随普陀山法雨禅寺赴北京请藏经的僧人化闻来普陀山，遂在法雨寺研究佛经，长达 40 余年。来山上向他问道的人络绎不绝，有数万人在他的影响下皈依佛教。1930 年，印光在苏州灵岩山寺净土道场，弘扬净土法门。1941 年圆寂，僧众推他为"净土宗第十三代祖师"。后人在普陀山法雨寺将其方丈室辟为纪念堂，以纪念这位高僧。

【九龙照壁】

　　九龙照壁俗称九龙壁,是1987年在原址上新建的。原来的照壁刻有观音菩萨六字真言"唵嘛呢叭咪吽",可惜被毁于"文化大革命"。新建的九龙照壁宽12.5米,高2米,照壁上除了这幅九龙争珠图之外,还雕有28条蟠龙。

　　这座九龙照壁与北京故宫、北海、大同等三处的陶制九龙壁不同,它是用60块0.7米见方的青石精雕细凿拼接而成的。拼接的地方不露缝隙,看上去好像是一整块青石板雕成。照壁上刻画的是九龙争珠图,九条蟠龙昂首舞爪,栩栩如生,全采用深浮雕技艺,浮雕深度达0.16米,堪称一绝。照壁石梁石瓦,飞檐翘角,底下是清式须弥座,在梁于梁之间还雕有17条造型各异的团龙,使得整座照壁华丽庄严,精美绝伦。

【天王殿】

　　法雨寺的天王殿，始建于清康熙三十七年（1698 年），宽 30 米，进深 12.5 米，为双层三檐殿堂式建筑，两厢的东西三门宽达 10 米。

　　天王殿，重檐歇山，檐间额题"天王殿"，为两座五座石经幢塔。天王殿前古樟木林，中间甬道两侧竖有旗杆两根，这也有别于山上其他寺院，据说，其一根已变换过七八次，而另一根虽常被香客当作神物，剥皮作药，但仍巍然高耸，故有"后寺活旗杆"之美称。

浙江普陀山普济寺

普济寺冠绝江南
正门鲜开有讲究
南北中轴显不同
大圆通殿造伟秀

普济寺是普陀山的第一大寺，名冠江南，其布局不同于明清以来佛教寺院的建筑格局。普济寺的主殿大圆通殿素有"活大殿"之称，外观雄伟庄重，结构严谨考究，装饰最为华丽，是典型的清代初期建筑风格。

历史文化背景

普济寺是普陀山的第一大寺，俗称前寺，是普陀山供奉观音菩萨的主刹，它与本山的法雨寺、慧济寺合称普陀山三大寺院。由于是普陀山最主要的人文景观建筑群，普陀山佛教协会、普陀山全山方丈住锡地均设在该寺内，另外，全山重大的佛事活动和重要的接待活动也都在这里举行。

普济寺的前身是不肯去观音院，始建于后梁贞明二年（916年），北宋神宗元丰三年（1080年），奉敕改不肯去观音院为宝陀观音寺。后经元、明两代朝廷数次恩赐拨款修建，寺院规模不断扩大。到了明万历三十三年（1605年），朝廷赐帑金重建，赐寺名为护国永寿普陀禅寺，后至清康熙四年（1665年），普陀寺遭到荷兰入侵者的践踏。康熙十年（1671年）迁僧，寺宇逐

斩破败，到康熙二十八年（1689年）又陆续得到朝廷的赏赐重建，又逐渐形成了规模。在

康熙三十八年（1699年），康熙帝御赐"普济群灵"匾额，遂该寺名为"普济禅寺"。此后在清雍正九年（1731年），再次下旨扩建普济寺，寺院就成了现在的规模了。普济寺前后经历了千年兴衰，最终名冠江南，门前的对联"五朝恩赐无双地，四海尊崇第一山"，就是对普济寺千年兴衰史的高度概括。普济寺的主殿大圆通殿始建于宋嘉定七年（1214年），重建于清康熙三十三年（1694年）。1983年普济寺被国务院列为首批对外开放的全国重点寺庙之一。

建筑布局

普济寺占地面积为37 019平米，建筑面积17 829平米，其布局不同于明清以来佛教寺院的建筑格局——一般在中轴线上由南向北依次分布着正山门、天王殿、大雄宝殿、法堂、经楼、东西两侧的配殿为钟楼、鼓楼、伽蓝殿、藏祖师堂等，而是在中轴线上由南向北依次分布着正山门、天王殿、大圆通殿、方丈殿、内坛。东西两侧的配殿为钟楼、鼓楼、伽蓝殿、观音、文殊地藏王及普贤殿等。

设计特色

　　普济寺的主殿大圆通殿,殿堂高18米,宽42米,进深24米,面积2 000多平方米。大圆通殿是中轴线上建筑最宏伟,装饰最华丽的一座正殿,采用的是单层失明檐的木结构殿堂式建筑,顶盖金黄色琉璃瓦,四角飞檐插孔,外观雄伟庄重。是典型的清代初期建筑风格。

【史海拾贝】

　　普济寺的正山门是关着的,为什么不开?据说当年乾隆皇帝微服朝拜普陀山的时候住在普济寺。因为白天玩得高兴,等回到普济寺的时候,山门早已关上了。乾隆皇帝叩门要从正山门进来,遭到了和尚的拒绝。把门的小和尚说:"国有国法,寺有寺规,除非皇帝来了才能开此门。"因是微服朝拜,乾隆皇帝听后是无言以对,只好遵守寺规从东三门(正山门东侧的小门)进寺。极为不快的乾隆皇帝回宫后便下了道圣旨:从今以后,除皇帝来,普济寺正山门不能开。此后普济寺的正山门就不轻易开了。这段传说是否野史戏谈暂且不说,现在普济寺正山门依然紧闭,看来寺规确是如此。如今,普济寺只有在国家元首到访、寺院的佛像开光和新任方丈升座才可以见到打开正山门的场面。

【海印池】

　　海印池即普济寺前的放生池，池水是由山上流下的泉水积蓄而成的，池边全部用青石条砌成，四周古树名木葱茏，三面环山，一面环海，景色十分幽美。海印池始建于明万历三十年（1602 年），池中由东向西并排着三座桥，连贯南北。池中间的桥叫平桥，建在普济寺的中轴延伸线上，桥北接普济寺正山门，桥南连接御碑亭，平桥把海印池分为了东西两池。东面池中间的拱桥叫永寿桥，建于明万历年间，高 6 米，长 33 米，宽 7.5 米，两侧的栏柱上雕有 20 对神态各异的石狮子，雕刻十分精美；西面池中间的拱桥叫瑶池桥，桥面贴着池面，最奇的是每到下雨的时候，水就会从桥两侧的笕嘴里喷出来，设计得十分巧妙。在平桥中间修建的八角水亭叫定香亭，即起到了点缀景致的作用，有可作游人稍事休息之用途。

【御碑亭】

　　御碑亭建于清雍正十二年（1734年），重檐歇山顶，琉璃筒瓦金碧辉煌。亭内的汉白玉碑，高3米，厚0.32米须弥基座，碑首雕刻着蟠龙。碑文是雍正时清和硕果亲王允礼代笔，详细记载了普陀山历史以及当年朝廷赐金七万两，大规模修建普陀山寺院的铭文。亭额"海月常辉"四个字是由康熙皇帝御笔所书。

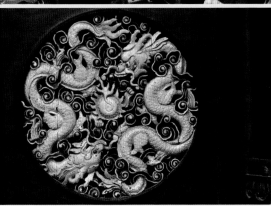

浙江普陀山
隐秀讲院

松竹交翠隐名刹
璃瓦飞檐融古今
殿堂轮奂垂千古
文化辉煌弘万山

隐秀讲院始建于明万历年间，清同治年间重修，2000年又重修，现为普陀山佛教文化研究所所在地。其建筑风格在中国传统寺院风格的基础上，吸收了日本等国家寺庙建筑的精华，精致而又朴素，被人们誉为普陀山的精品寺院。其艺术装饰融会了古今各种艺术风格，而且体现了世尊大慈大悲的胸怀，是感性美和理论美的高度和谐统一。

历史文化背景

隐秀讲院原名隐秀庵，位于我国佛教四大名山之一的普陀山。南海隐秀庵禅院始建于大明万历年间，距今已有400多年历史，清顺治、康熙、同治年间三次扩建，成为名刹，时称"前山六大房"，共有殿宇67间，建筑面积2 200平方米，朝圣的香客主要是来自台湾等海外信徒，香火极旺。20世纪60年代时因"文革"破坏，隐秀庵同别的寺庵一样庵废僧散，香火冷落。1997年，陈振容等众信徒捐款500多万元人民币，重建隐秀庵，并建议将隐秀庵更名为隐秀讲院，用于育才演教、弘扬佛法。重建的隐秀讲院建有天王殿、大雄宝殿、藏经楼、大悲楼、西厢房及附属用房112间，占地面积4 200平方米，塑有观音等佛像50余尊。现普陀山佛教文化研究所也设于此。

建筑布局

雄伟壮观的普陀名庵——隐秀讲院矗

立在环境幽雅的普陀白华山西麓，其在中国传统寺院风格的基础上，吸收了日本等国家寺

庙建筑的精华，精致而又朴素，被人们誉为普陀山的精品寺院。

隐秀讲院山门边两座铜狮，重约2吨，铸造精巧。过天王殿，可见清式须弥台，汉白

玉栏杆，仿故宫御花园宝鼎，均崭新闪亮。东西三层厢房，分设办公室、图书馆、电脑室、

客厅、寮房、讲堂和斋堂。天王殿东侧设佛经流通处，西侧设音像弘法室和佛书阅览赠送处。

大殿之后为一幢三层楼阁：第一层为先贤堂，内奉天台宗九祖画像，神采飘逸，眉目

端正，道貌岸然。第二层大悲阁，奉仿明代法海寺水月观音壁画，画中观音大士，服饰华

美庄严，首戴天冠，身披璎珞，手贯环钏，衣曳飘带，在圆月中趺坐；旁有善财童子像，

丰腴天真，拱手礼拜。四周山、水、鸟、兽，栩栩如生，形　　　　成一种和蔼而幽美的

格调。第三层藏经楼，奉乾隆版龙藏一部，每本封面烫金　　　　着彩，熠熠发光；

匾额为著名国画家张大千先生遗墨。

建筑特色

纵观整座院宇，美轮美奂，雕梁画栋，金匾琉瓦，　　　　白玉丹墀，青铜

窗棂，显示了宫廷建筑般的富丽堂皇；而山门外的壁　　　　画：两个天真的

童子，仰望着空中飞舞的蝙蝠的"抬头望福图"和两　　　　个童子用一根竹

竿挑着一条鲤鱼的"喜庆有余图"等等，又使人看　　　　到朴素活泼、

气韵生动的民间艺术装饰。整座建筑既有大殿诸　　　　佛菩萨的庄严

威武，又有先贤堂中天台九担画像的潇洒简朴，　　　　体现了不同身

份、不同气韵的艺术特色。

隐秀讲院的艺术装饰，不仅异彩纷呈，美轮美奂，融会了古今各种艺术风格，而且体

现了世尊大慈大悲的胸怀，是感性美和理论美的高度和谐统一。

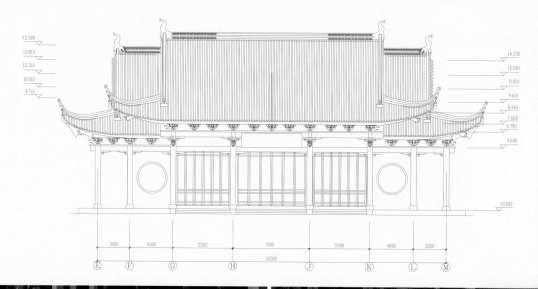

紫竹翠林隐观音
佛教禅院添肃穆
因地制宜显独特
三重殿台引众妒

紫竹林禅院

紫竹林禅院是普陀山三大寺庙之一，背山面海，利用了普陀山优越的风景地貌，因地制宜地造就了肃穆的宗教空间和绚丽多姿的自然空间。整座寺院因地巧构，具有浙江佛教寺庙建筑所独特的地域特征，即因地制宜、崇尚自然。紫竹林禅院建筑古朴典雅、文化底蕴浓厚，木雕和砖雕更是精湛。

历史文化背景

紫竹林禅院位于普陀山东南端，和对面的洛迦山隔海相望，旧称"听潮庵"，创建于明末，清道光二十二年（1842 年）改今名。民国八年（1919 年）康有为题"紫竹林禅院"额。紫竹林禅院历史上曾重建五次，尤以清朝为主。雍正九年（1731 年），朝廷命僧广记奉帑重修，道光二年（1822 年），僧仁亮与其徒圣觉又修之，光绪甲申年（1884 年）净守与其弟子广学、广权续又修建。1989 年妙善大师主持修建重建。现存佛教建筑有天王殿、大雄宝殿、大北楼、不肯去观音院等。其独特文物是紫竹石，石上花纹清晰，看似根根紫竹丛生。

建筑布局与特色

紫竹林禅院背山面海，正对波光潋滟的莲花洋，与洛迦山隔海相望。禅院占地面积较小，所以并没有采用宫殿式的布局方式，而是因地制宜地采用院落式的布局来安排建筑群，其特点在于重点突出、等级森严、对称规整，创造出肃穆庄重的宗

教气氛。其整体布局仍然以天王殿和圆通宝殿为短轴线，向两侧扩展。大悲楼左为念佛堂，

楼上为三圣殿、斋堂，右为药师殿，山门外有"大士修炼紫生林"石壁。

建筑特色

紫竹林禅院

是一座精巧的古庙，因地制宜在这里得到了充分的显示。山门极独特，天王殿与山门合二

为一，天王殿正中大门之上耸出一乳白色的门楼，正中大书"补怛紫竹林"。黄色的墙体，

左右各有一幅精美砖雕，合成"十八罗汉"。殿台三重，雕梁画栋，金碧辉煌。天王殿

面对莲花洋，山门外台基雕栏石砌。圆通宝殿，重檐五间，错彩镂金，台基石栏雕刻精妙，

殿内供奉汉白玉紫竹观音坐像。大悲楼楼下供奉汉白玉卧佛，重达 4.5 吨。

【史海拾贝】

紫竹林禅院的特征是"紫竹"。相传古时这里有大片紫竹，枝权纵横，枝叶婆娑，碧

绿一片。吴承恩的《西游记》就多次写到南方普陀山的紫竹林。后紫竹绝灭。近年来，紫

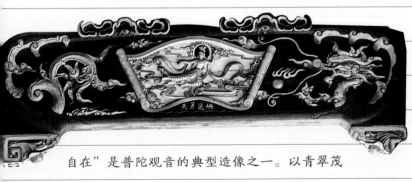

竹林庵周围又种植了

大批紫竹，日渐成林。

紫竹带有浓厚的佛教

色彩。"紫竹林中观

自在"是普陀观音的典型造像之一。以青翠茂　　密的紫竹为背景，观

音结跏坐于莲台，右手执柳枝，左手托净水瓶，象征观音以大悲甘露遍洒人间。

四川成都文殊院

对言方有默
因默乃名庵
庵留默不遣
一物遂为三

文殊院坐北朝南，殿堂房舍共190余间。其布局规整，院内天王殿、三大士殿、大雄宝殿、说法堂、藏经楼5座大殿递相连接，与东西两侧的钟楼、斋堂、廊房等建筑浑然一体，庄严肃穆，古朴宽敞，为典型的清代建筑。两旁配以禅、观、客、斋、戒和念佛堂、职事房，形成一个　　　　封闭的四合院。

历史文化背景

文殊院位于成都市青羊区文殊院街，它属于汉族地区佛教全国重点寺院，也是川西著名的佛教寺院，四川省重点文物保护单位，现为四川省、成都市佛教协会驻地。

文殊院始建于隋大业年间（605-617年）。隋文帝之子蜀王杨秀以"圣尼"名，定名"信相寺"。五代时一度改名"妙圆塔院"。唐会昌五年（845年），唐武宗灭佛，寺遭到毁坏。唐宣宗即位（847年）后对其进行修复，历800余年与世并存。

明朝末年，信相寺毁于兵火，唯有10尊铁铸护戒神像和两株千年古杉，历劫尚存。

清顺治元年（1644年），寺院全毁。清康熙二十年（1681年），慈笃禅师来到荒芜的古寺，在两杉之间结茅为寇，苦行修持，数年之间行著四方，声名远扬。传说清代有人夜见红光出现，官府派人探视，见红光中有一文殊菩萨像，便于康熙三十六年（1697年）集资重建庙宇，改称文殊院。康熙帝御笔"空林"二字，钦赐"敕赐空林"御印一方，康熙帝墨迹至今仍存院内。嘉庆、道光年间，文殊院方丈本圆法师又采办了82根石柱，改建、扩建了主要殿堂，形成了现今的规模。

近代时，文殊院香火兴盛，历任方丈都在这里开坛传戒，并办有佛学苑、传习所，培养僧才。抗战时期，高僧大德佛源、太虚、能海等陆续到这里讲经说法。中华人民共和国成立后，人民政府多次拨款修缮寺庙。1983年，文殊院被国务院确定为汉族地区佛教全国重点寺院。

建筑布局与特色

文殊院坐北朝南，占地面积54 666.7平方米，建筑面积11 600平方米，殿堂房舍共190余间。寺院的山门对面有一道宏伟的大照壁，壁上镌刻的"文殊院"三字为清康熙年间该院慈笃海月禅师所书，相传这位禅师是文殊菩萨的化身，道行高深。院内天王殿、三大士殿、大雄宝殿、说法堂、藏经楼5座大殿递相连接，与东西两侧的钟楼、斋堂、廊房等建筑浑然一体，庄严肃穆，古朴宽敞，为典型的清代建筑。两旁配以禅、观、客、斋、戒和念佛堂、职事房，形成一个封闭的四合院。院内两相对峙的三檐式钟鼓楼，钟楼里悬有4 500多公斤的铜铸大钟一口。观音大士像为青铜铸造，可称雕塑精品。护法神韦驮像，为清道光九年（1829年）第七代方丈本圆用青铜翻砂铸成，工艺精细，童颜神态，体现了"童子相貌，将军威仪"。还有一尊列为"空林八观之一"的缅甸玉佛，是院僧性鳞和尚于民国十一年（1922年）历尽艰辛，步行募化到缅甸请回的。

建筑特色

文殊院文物荟萃，宝物众多。寺内供奉大小300余尊佛像，有钢铁铸造，有脱纱、木雕，有石刻、泥塑，十分丰富，均具有文化艺术价值。从年代而论，有出土的梁代石刻，有唐宋年间铁铸戒神，更有清代青铜铸像，还有缅甸玉佛，这些塑像具有很高的文物价值和艺术价值，为我们研究古代雕塑、铸造等工艺提供了宝贵的资料。寺内还珍藏明清以来书画珍品，最著名的是康熙皇帝1702年御赐文殊院的"空林"墨迹，以及康熙临宋代书法家米芾的《海月》条幅。此外，还有印度贝叶经、唐代玄奘法师头骨、唐代日本鎏金经简、千佛袈裟、发绣观音、挑纱文殊和舌血含宝等佛教文物。

【史海拾贝】

文殊院里有4件镇院之宝："舌血经书"、"千佛袈裟"、"水月观音"、"唐僧玄奘顶骨"，这些都是国宝级文物。其中，"舌血经书"是由院僧先宗等3人于每日清晨刺舌取血书写出来的。据史料记载：僧侣为表示对佛祖的虔诚，发愿刺血为墨，书写经卷。每天清晨净手焚香后，刺破舌尖，滴血入杯，以毛笔蘸血书写。《大方广佛华严经》就是按此方法书写而成的。据了解，血经的讲究颇多，刺血的高僧必须常年不食盐，以防止伤口凝结，在书写血经时只能用上半身的血液，主要刺破手臂、舌头取血，以示对佛法的尊重和虔诚。此外，书写血经的人还要有深厚的书法功底。完成一部血经需要很长时间，因此血经在佛家经书中神圣而罕见。"刺血写经书"，是佛经最高供养模式。在佛教中，写血经，是报父母恩、国土恩、众生恩的一种方式，但真正能做到的僧人却屈指可数。为什么要刺血写经呢？在《菩萨行愿品》上曾这样讲过："佛在因地中，剥皮为纸，刺血为墨，书写经典集如《须弥》。"佛祖，的确是我们最好的学习榜样。

四川峨眉山报国寺

晚钟何处一声声
古寺犹传重积名
纵说仙凡殊品格
也应入耳觉心清

报国寺

在峨嵋山的众多寺庙里，报国寺是峨眉山的第一座寺庙，也是入山的门户。整个寺庙是典型的庭院建筑，一院一景，层层深入，极为壮观。寺内正殿有弥勒殿、大雄宝殿、七佛殿和普贤殿四重屋宇，依山而建，一重比一重高，雄伟自然。周围有花影亭、七香轩、吟翠楼、待月山房等建筑，排列有序，布局井然。

峨眉山报国寺，位于峨眉山麓的凤凰坪下，海拔533米，是全国重点寺院之一。寺院坐北朝南，占地百亩，原为山中第一大寺，其原址在伏虎寺对岸的瑜伽河畔。

报国寺始建于明万历年间（1573-1620年），原名"会宗堂"，清初迁建于此，顺治九年（1652年）重建。康熙四十二年（1703年），康熙皇帝取佛经"四恩四报"中"报国土恩"之意，御题"报国寺"匾额，王藩手书；同治五年（1866年）暮春僧广惠扩建。

报国寺在历史上经历过数次修葺，寺院得以完整保存，特别是中华人民共和国建立后维修、扩建次数最多。

1986年又重建了山门；1993年，又新建了钟楼、鼓楼、茶园、法物流通处，使报国寺更加庄严。

建筑布局

报国寺坐北朝南，整个寺庙是典型的庭院建筑，一院一景，层层深入，蔚为壮观。寺内正殿有弥勒殿、大雄宝殿、七佛殿和普贤殿四重屋宇，依山而建，一重比一重高，雄伟自然。周围有花影亭、七香轩、吟翠楼、待月山房等建筑，排列有序，布局井然。

设计特色

报国寺在峨嵋山的众多寺庙里地位非凡，是峨眉山的第一座寺庙，也是入山的门户。寺周楠树蔽空，红墙围绕，伟殿崇宏，金碧生辉，香烟袅袅，磬声频传。前对凤凰堡，后倚凤凰坪，左濒凤凰湖，右挽来凤亭，恰似一只美丽、吉祥、朝阳欲飞的金凤凰。

寺内藏经楼下，有一座明代的瓷佛像，形态生动大方，是件珍贵文物。前殿有一座7米，

4层的紫铜塔，塔身铸有4 700多个佛像，还刻有《华严经》全文，故名"华严塔"，也是一件贵重文物。

报国寺对面的凤凰堡上有"圣积晚钟"亭，亭内悬挂一大钟，名叫"圣积寺铜钟"，

是明嘉靖四十三年（1564年）慧宗别传禅师铸造。钟高2.8米，钟唇直径2.4米，重

12.5吨，有"巴蜀钟王"之称。钟体上铸造了晋、唐以后历代帝王和与峨眉山有关

的文武官员及高僧名讳，有捐赠　　　　　　铸造铜钟的信众姓名，并刻有《阿含

经》经文和佛偈，以及《洪钟疏》　　　　　　铭文，共60 000多字。该钟原挂在圣

积寺，圣积寺毁后，此钟移至报　　　　　　国寺。圣积铜钟的钟声清越，远

播数里，回荡于山林旷野之　　　　　　间，使人顿忘俗念，有诗云：

"晚钟何处一声声，古寺　　　　　　犹传圣积名。纵说仙凡殊品

格，也应入耳觉心清。"

【史海拾贝】

　　明代万历四十三　　　　　　年（1615年），明光道人

建会宗堂（即报国　　　　　　寺）于伏虎寺右的虎头山下，

取儒、释、道"三教"　　　　　　会宗的意思。

寺里供奉的"三教"在峨眉山这个地方都有代　　　　　　表的牌位

佛教为普贤菩萨，因为峨眉山是普贤道场；道教是　　　　　　广成子，据

说他是李老君的化身，他在峨眉山授过道；儒教的代表是楚狂，楚狂名接舆，和孔

子同时代，楚王请他去做官，他装疯不去，后来隐居峨眉山。会宗堂的建立，反映了明、

清时期儒、释、道有过一段融洽的历史。

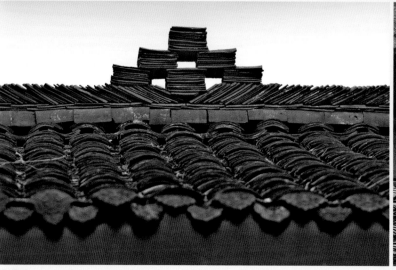

宗教建筑

重庆沙坪坝宝轮寺

扉破残砾堆
茫茫北风吹
寒来鸟鹊鸣
总是催人泪

宝轮寺

宝轮寺，范围大，占地广，由白岩到马鞍山直到童家桥，庙宇相连，到处都是佛像金身，庄严肃穆，石壁上刻有栩栩如生的五百阿罗汉。马鞍山内有尊睡佛，睡得安详。宝轮寺分大雄宝殿、川主殿、观音阁、天王殿、药王殿、禅房和藏经楼等。

历史文化背景

宝轮寺位于磁器口过街楼对面，背依白岩山，面对嘉陵江。宝轮寺后面原有石岩，名曰"白岩"，故镇亦名曰"白岩镇"。该寺历史悠久，民间传说其为唐代的尉迟恭所建，有人认为其始建于西魏年间（535-556年）。据《巴县志》记载其始建于宋真宗咸平年间（998-1003年）。总之，它至少已有1 000余年的历史。传说明朝建文皇帝朱允炆被其四叔燕王朱棣（即后来的明成祖）逼迫退位而辗转流落到磁器口时，曾在此挂单隐居。故此寺庙过去又称龙隐寺，过去的磁器口也曾称为龙隐镇。昔日，古刹宝殿宇层层，林木茂密，百鸟争鸣，苍松翠柏覆盖庙。内有殿宇16座，佛像372尊。可惜殿宇毁于明末战火，只留下大雄宝殿一座。抗战时期，后殿幸存的一些禅房，也遭日机轰炸重庆时炸毁。

建筑布局与特色

宝轮寺，范围大，占地广，由白岩到马鞍山直到童家桥，庙宇相连，到处都是佛像金身，庄严肃穆，石壁上刻有栩栩如生的五百阿罗汉，马鞍山内有尊睡佛，睡得安详，睡得舒服。

宝轮寺的主要建筑有大雄宝殿、川主殿、观音阁、天王殿、药王殿、禅房和藏经楼等。大雄宝殿的殿柱是两人合抱的马桑木，其柱子直径大约0.3米大小。而大雄宝殿的建筑组合只用了一颗钉子，殿中盘龙抱柱，凤舞龙飞。最奇的是两柱基石，一柱凸出地面尺许，一柱凹下几寸，两柱平衡，无歪斜之势，真可谓巧夺天工，堪称一绝。佛爷坐像前有一口井，名曰"放生井"，其井底直通江边"九石缸"。宝轮寺寺顶飞檐翘角，其瓦远看无异样，近看背光滑，阳光一照光彩耀目，雨后阳光一射，如一道彩虹横跨宝轮寺。

【史海拾贝】

原大雄宝殿内，存有一尊如来佛像，为清代中期塑像。大佛面目慈祥，嘴角微微向上，体躯高大，盘膝而坐。造型既庄严又伟岸，栩栩如生。只要一进到大殿拜佛，望之就有普渡众生、佛法无边之感，顿生敬仰、崇尚之情。虽历尽沧桑，佛身依然金光夺目，使人赞叹古代宗教雕塑艺术家技艺之高超。

民间传说，在大雄宝殿的古佛下面有一个流米洞，可供寺内僧人米粮，可惜后来出了一个有贪念的僧人，想多接米而使流米洞不再流米出来了。

还有传说大佛下的洞子直通嘉陵江九石缸河滩，若从这洞中放入鸭子，不久即可看到鸭子从河滩之中游出。每年农历四月初八是佛爷生日，好善乐施之人，便会买来鸭子鱼虾、王八乌龟在此处放生，放生之物必在"九石缸"出现。

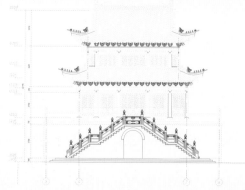

云南大理观音塘

自在菩萨化老妪
神通巨石逐恶氓
石庵殿上念千恩
永世存留观音塘

观音塘是大理有名的佛教古刹之一，历史悠久，规模宏大，不仅是朝拜观音的圣地，也是传播宗教文化、促进贸易的场所。观音塘在建筑风格上独树一帜，殿宇巍峨，严谨有致，其中观音阁更是白族工匠们的杰作，具有独特的美：立于石而环水，阁体和回廊均镶大理石。

历史文化背景

观音塘又名大石庵，位于云南大理古城南处的上末村，因清代曾设汛溏，故称观音塘。观音塘始建于明代，当时以观音阁为主体。到了清代重修，在修缮观音阁的同时，始建殿宇。据寺内杨玉科立《重修观音塘记》碑所述，清初已有殿宇，清同治十二年（1873年），岑毓英出面修缮。光绪二年（1876年）又建成七开间、三面封闭、正面开门的大雄宝殿。随后逐步形成了戏台、门楼、殿宇、亭阁集于一体的建筑群，同时融入了祭祀、歌舞表演、集市等形式多样的活动，但又逐年衰败。1965年将观音塘修缮一新，但于次年又毁。历经十多年后，于1988年重修。

观音塘是是大理有名的佛教古刹之一，也是大理市佛教协会驻地。每年农历二月十九日为观音会，那一天，人们  不仅会到观音塘朝拜观音，而且还在这

开展各种 文艺活动，将宗教、文化、集市贸易融为

一体。这 里的观音菩萨不仅仅是一个宗教偶像，而逐渐

转化为慈 爱、正义和希望的象征。

建筑布局

观音塘坐北朝南，由前院、前阁、中殿和后殿组

成。前院包括山门、重门和山门殿，重门上挂着"顽石点头"

牌匾，内供观音石像。前阁建在一块名叫观音石的大石上，内祀观音，亦叫观音阁，观音

阁上有一个全由大理石建成的石亭，石亭面阔 3.3 米，进深 3 米，高 5 米。中殿是韦驮殿，

两厢塑十八罗汉。后殿为大雄宝殿，面阔五间，宽 22 米，进深四间，深 10 米。

建筑特色

整个观音塘的建筑严谨有 致，殿

宇巍峨，其中最具有特点的是 观音阁，

以石为廊，以石为墙，是独具 匠心的

建筑。阁体全部用大理石镶成， 阁四周

有石回廊，可通行人，四面围着大理石栏杆，雕龙画凤，十分雄伟壮观。观音大石上刻有

佛像，玲珑剔透。观音阁东西两边是 4 座石拱桥，亭的三壁上碑拓字画相映成趣。亭外四

面相通，亭下也用大理石围砌成一个水池。静止的石亭和轻泛涟漪的池水互相衬托，石的

刚与水之柔相辅相成，亭池间桥廊紧凑，浑然一体。

　　关于观音阁的来历，有这样的一个传说：古时候，强悍的外族敌兵驻扎在大理七里桥上，正准备大举进攻白国。这天，观音菩萨刚好巡天来至白国上空，眼见善良的白国百姓就要遭受屠杀，美丽的国土就要变成废墟，心里特别担忧难过。于是观音施法显神，把自己变成一位白发苍苍的老妇，然后用草索背起一堵大岩石，迈着轻松的步子朝敌兵走去。敌兵首领见此情形，便向她问道："哎！你这个老太婆来做什么？怎么能把这么大的一堵岩石背起来？"老妇满不在乎地说："这根本就不算什么，现在我老了，不中用了，比起在我后面的那些年轻人差多了。我是听说你们要来攻打白国王府，便先来看看你们有多大本领，能不能打得过我后面的年轻人。"首领又问："后面的年轻人有多大本事呢？"老妇答："他们呀，像我身上背的这块大岩石，他们一只手轻轻地就可以举起来，而且一丢就能丢到百步远之外。每个人身上还有一把百斤重的大刀，杀人就如砍瓜切菜，又快又准！"敌兵听后，吓得面如土色，连忙退兵。白国士兵们听说这件事后，借助观音的神力，乘势追击，打得敌兵落荒而逃，不敢再来侵犯白国。老妇见战事已平，就把岩石丢在七里桥，自己还原为观音回到天上去了。后来，白族人民为了感谢和纪念观音菩萨，便在这块大岩石上建起一座观音阁。

佛寺

301

佛寺

广东韶关南华寺

曹溪之畔立古寺
木雕罗汉源宋代
中轴对称显严谨
飞檐斗拱造精美

南华寺

南华寺是中国佛教名寺之一，是禅宗六祖惠能宏扬"南宗禅法"的发源地，寺内木雕五百罗汉造像是中国现存唯一的宋代木雕五百罗汉群像。南华寺呈中轴线两边对称布局，结构严密，主次分明，殿堂飞檐斗拱，装饰精美。

历史文化背景

南华寺位于曹溪之畔，距韶关市区 24 千米。始建于南北朝梁武帝天监元年（502 年）。天监三年，寺庙建成，梁武帝赐"宝林寺"名。后又先后更名为"中兴寺""法泉寺"、至宋开宝元年（968 年），宋太宗敕赐"南华禅寺"，寺名乃沿袭至今。因禅宗六祖在此弘法，也称六祖道场。1936 年至 1943 年，近代名僧虚云和尚驻锡南华寺，筹积款项，相地度势，重建殿堂。总计新建殿堂房宇庵塔约 243 楹，新塑大小佛像 690 尊。当时六祖真身像的木龛被白蚁损坏，虚云请出祖师肉身，重新装修。另照阿育王塔形式，重新制作祖师坐龛。龛外塑南岳、青原、法海、神会四像侍侧。当时的南华寺盛极一时，面积从曹溪门到最后的卓锡泉，南北深 503 米，由东边寺墙至禅堂西壁，广 132 米，建筑面积达 1 333 平方米，主要建筑有：中路的曹溪门、放生池、五香亭、宝林门、天王殿、大雄宝殿、法堂、灵照塔、祖殿、方丈室。左侧依次是虚怀楼、报恩堂、钟楼、伽蓝殿、客堂、待贤楼、香积厨、斋堂、回向堂、回光堂、延寿堂、念佛堂、东贤殿。右侧依次为云海楼、西归堂、鼓楼、祖师殿、云水堂、韦驮殿、维那寮、班首寮、如意寮、禅堂、观音堂、西贤殿。寺东有无尽庵、海会塔，寺后有飞锡桥、伏虎亭、卓锡泉。虚云法师带领僧人严守戒律，遵循百丈清规"一粥一饭，持午因时，一步一趋，悉守仪范。"

新中国成立后，多次拨款重修大雄宝殿、藏经阁、六祖殿、钟鼓楼及其他建筑。1981年10月19日至21日，南华寺六祖殿重建一新，举行了六祖真身像安座典礼，香港、澳门、广州等地宗教界知名人士意昭、圣一、心明、性智、宽纯等和当地僧俗群众三百多人参加了这一庆典。1983年，南华寺最早一批被国务院定为国家重点寺院。2001年06月25日，南华寺作为明、清时期古建筑，被国务院批准列入第五批全国重点文物保护单位名单。

建筑布局

南华寺占地总面积约42.5万平方米，主体建筑群总面积1.2万平方米。庙宇依山而建，坐北朝南，中轴线上由南至北依次为曹溪门（头山门）、放生池（上筑五香亭）、宝林门（二山门）、天王殿、大雄宝殿、藏经阁、灵照塔、祖殿、方丈室。自天王殿始作封闭，左侧依次为钟楼、客堂、伽蓝殿、斋堂等；右侧依次为鼓楼、祖师殿、功德堂（亦称西归堂）、禅堂、僧伽培训班等。主体建筑院落外，北侧有卓锡泉（俗名九龙泉）、伏虎亭、飞锡桥；寺东有无尽庵、海会塔、虚云和尚舍利塔，还有中山亭。

建筑特色

南华寺殿堂飞檐斗拱，以重檐歇山顶、一斗三升居多。青砖灰沙砌墙，琉璃碧瓦为面，灰脊、琉璃珠脊刹、蔓草式脊吻。重要殿堂脊吻与脊刹间置琉璃鳌鱼，正脊两端饰夔龙脊头。多用木圆柱为支柱并将殿堂分为多间，石柱础多覆盆式。门窗则多花格门、格子窗棂。主要殿堂和钟鼓楼的大木梁都是用巨大铁力木（坤甸木）架成（为清初平南王尚可喜重修南华寺时所用之木）。

【史海拾贝】

南华寺内木雕五百罗汉造像是中国现存唯一的宋代木雕五百罗汉群像。明朝曾经重新饰金，清光绪年间，曾补雕过 133 尊被火烧毁的罗汉。1936 年，虚云法师主持修庙时，将大部分木雕罗汉藏在大雄宝殿里三尊高达 15 米的大佛的腹中，直到 1963 年才被发现。现存 360 尊，其中有 133 尊为清代补刻。有 154 尊罗汉像上刻有铭文。从铭文中可以看出，这五百罗汉像雕于北宋仁宗庆历三年至八年（1043~1048 年），由"会首弟子"杨仁禧组织募化和雕造了这批罗汉像，捐造者有商人、手工业者、僧人和平民等，匠师有张续、蔡文赟、廖永昌、王保、郝璋等。每尊造像都用整块木坯雕成，通高 49.5 至 58 厘米，直径 23.5 至 28 厘米，木料主要是柏木，少量为楠木、樟木或檀香木。每尊像由底座和坐像两部分组成。这些罗汉造具有相当高的艺术研究价值，是十分珍贵的历史文物。

313

【大雄宝殿】

大雄宝殿高16.7米、宽34.2米（七间）、进深28.5米（七间）。重檐歇山顶，前后乳栿用七柱、二十六檩，柱头铺作为六铺作，三抄，无昂，偷心座，补间铺作用二朵。琉璃碧瓦，灰脊，蔓草脊吻，琉璃珠脊刹。格子窗棂，前后均花格门。

福建厦门梵天禅寺

伟哉梵天寺
造福此一方
乡人增福址
游子泽恩光

梵天禅寺与南普陀寺齐名，是福建省最早的佛教寺庙之一。整座寺庙依山势延展，有山门、金刚殿、大雄宝殿、天王殿等主体建筑，十分雄伟壮丽。寺内的建筑在近代曾遭受过严重的烧毁，现有的庙宇是1997年后逐步落成的，重建后的梵天禅寺建筑面积达35 000平方米。

历史文化背景

梵天禅寺坐落在福建省厦门市同安区大轮山南麓，在厦门与南普陀寺同为闽南著名的佛寺。始建于隋开皇元年（581年），初名兴教寺，比南普陀寺早300多年，比泉州开元寺早100多年，是八闽最古老的寺庙之一。

唐代咸亨年间（670-674年）形成规模，有大小庵堂72所。至宋熙宁二年（1069年）合为一区，改名"梵天禅寺"。元至正十四年（1354年）毁于兵火。明洪武十三年（1380年）由住山僧无为重建，形成完整的佛寺。

民国七年（1918年），北方军阀张树成纵火烧毁金刚殿、大雄宝殿和法堂，仅

存山门、钟楼和一些题刻。1966 年"文革"期间，梵天寺又被毁于一旦，1976 年在寺址上修建了同安看守所。

改革开放后随着宗教政策的不断落实，于 1981 年经同安县政府批准梵天寺为首批开放寺庙，大轮山为风景保护区。1991 年由厚学法师联名 64 位政协委员向县、市人民代表大会提出《归还修复梵天寺，落实宗教政策、保护历史文化古迹》的议案获得政府通过，此后成立了以厚学法师为理事长的 "厦门市同安梵天寺修复理事会"。年逾八旬的厚学法师不辞辛劳，奔走各方，多次出国募缘，获海外各界人士鼎力相助，募得修建资金。1993 年县政府搬迁了看守所，1994 年元月，举行了梵天寺修复奠基典礼。厚学法师为复建梵天寺，广结善缘，九次出洋，四方呼吁，备尝艰辛，劳苦功高。经过几年的努力，终于先后修建了天王殿、金刚殿、大雄宝殿、法堂、大悲殿、斋堂、两边走廊等。千年古刹梵天寺又得以崭新的面貌展现在世人面前。

建筑布局

梵天禅寺坐北朝南，整个寺院由下而上集中在一条中轴线上，有山门、金刚殿、天王殿、大雄宝殿、大悲殿、藏经阁等主体建筑，规模恢宏。寺后有纪念朱熹的明代建筑文公书院、仰止亭、石瞻亭、千佛阁、魁星阁等建筑群。

建筑特色

梵天禅寺整体建筑庄严肃穆，宏伟壮观。寺院里还有一座建于宋元祐年间（1086~1094年）的婆罗门佛塔，该塔三层方形，石构实心，高4.6米，须弥座底为1.78米，四角浮雕侏儒，四面浮雕走兽。二层每面浮雕坐莲佛像4尊，三层4个上角展翅神兽。四面浮雕佛教故事图像。刹座覆莲盆，刹杆五层相轮，刹尖葫芦。婆罗门佛塔是研究古代宗教史及石雕艺术的　　　　　　　实物资料，已被列为第一批省级文物保护单位。

【史海拾贝】

梵天禅寺里面，　　　　　　　　　　有一个目前厦门最大最壮观的僧人墓　　　　　　　　　　园——舍利塔园，舍利塔园也叫厚学法师　　　　　　　　墓园，占地面积约120平方米，是后人为了纪念厚学　　　　　法师而搭建的。

厚学法师俗名洪德操，法号证道，字厚学，是台湾印顺法师的徒弟，梵天禅寺原住持，同时也是我国佛教界一位德高望重的高僧。他18岁时出家在鼓浪屿日光岩做沙弥，28岁至同安梵天寺。1952年起，厚学法师任梵天寺住持，历任福建省佛教协会常务理事，厦门市佛教协会副会长，厦门市政协委员等。厚学法师是20世纪90年代重建梵天禅寺的主要功臣，为了募集资金，修建梵天禅寺，厚学法师节衣缩食，四处奔波。就是因为有他不辞辛苦的努力，才会有今天辉煌的梵天禅寺。

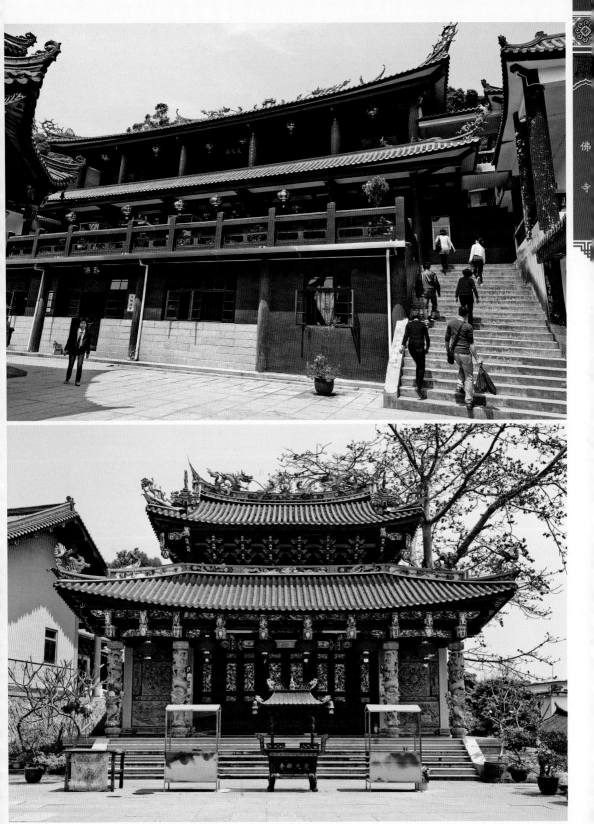

【文公书院】

　　文公书院，坐落于大轮山梵天寺后，亦称大同书院、紫阳书院和轮山书院，因书院同时祀朱熹，故也称朱文公祠（朱熹卒后被宋宁宗赐谥"文"，故世称朱文公），这是泉州府属最早的官办书院，也是厦门最早的书院。书院为两落式宅院，面阔17.3米，进深17.4米，前后进落差2米，深井有形如母猪横卧给小猪喂奶的"猪母石"，两侧置石台阶前后连通。

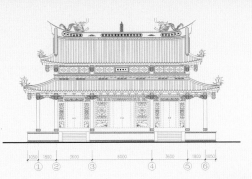

参考资料

[1] 曹昌智. 中国建筑艺术全集 12—佛教建筑（北方）[M]. 北京：中国建筑工业出版社,2000.

[2] 曹昌智. 中国建筑艺术全集 13—佛教建筑（南方）[M]. 北京：中国建筑工业出版社,2000.

[3] 陈允适. 古建筑木结构与木质文物保护 [M]. 北京：中国建筑工业出版社,2007.

[4] 邓晓琳. 宗教与建筑（上）[J]. 同济大学学报（人文社科版）,1996.

[5] 邓晓琳. 宗教与建筑（下）[J]. 同济大学学报（人文社科版）,1996.

[6] 段玉明. 中国寺庙文化 [M]. 上海：上海人民出版社,1994.

[7] 罗哲文, 刘文渊, 韩桂艳. 中国名寺 [M]. 百花文艺出版社,2006.

[8] 罗哲文, 刘文渊, 刘春英. 中国名塔 [M]. 百花文艺出版社,2006.

[9] 罗哲文, 王振复. 中国建筑文化大观 [M]. 北京：中国建筑工业出版社,2001.

[10] 刘冠. 中国传统建筑装饰的形式内涵分析 [J]. 清华大学文学硕士学位论文,2004.

[11] 刘先觉. 现代建筑理论——建筑结合人文科学自然科学与技术科学的新成就 [M]. 北京：中国建筑工业出版社,1999.

[12] 刘敦桢. 中国古代建筑史 [M]. 北京：中国建筑工业出版社,1984.

[13] 谈士杰. 岷州佛教寺院及其相关问题的探讨 [J]. 西北民族学院学报,1994 年.

[14] 吴均. 论明代河洮岷的地位及其三杰 [J]. 青海民族学院学报,1989 年第 4 期.

[15] 王连胜. 普陀山揽胜 [M]. 上海：上海古籍出版社,1986.

[16] 张驭寰. 图解中国佛教建筑 [M]. 当代中国出版社,2012.

[17] 张驭寰. 中国佛教寺院建筑讲座 [M]. 北京：当代中国出版社,2008.

[18] 张义浩. 普陀山寺院建筑摩崖艺术与佛教文化 [J]. 浙江海洋学院学报（人文科学版）,2000.

[19] 智观巴. 贡却乎丹巴饶吉. 安多政教史 [M]. 甘肃：甘肃人民出版社,1989 年.

[20] 郑时龄. 建筑批评学 [M]. 北京：中国建筑工业出版社,2001.

索引

图书在版编目（CIP）数据

中国古建全集 . 宗教建筑 . 2 / 广州市唐艺文化传播
有限公司编著 . -- 北京 : 中国林业出版社 , 2018.1

ISBN 978-7-5038-9219-6

Ⅰ . ①中… Ⅱ . ①广… Ⅲ . ①宗教建筑 – 古建筑 – 建
筑艺术 – 中国 Ⅳ . ① TU-092.2

中国版本图书馆 CIP 数据核字 (2017) 第 185590 号

编　　著：广州市唐艺文化传播有限公司
策划编辑：高雪梅
流程编辑：黄　珊
文字编辑：张　芳　王艳丽　许秋怡
装帧设计：陈阳柳

中国林业出版社 · 建筑分社
策　　划：纪　亮
责任编辑：纪　亮　王思源

出版：中国林业出版社（100009 北京西城区德内大街刘海胡同 7 号）
网站：lycb.forestry.gov.cn
印刷：北京利丰雅高长城印刷有限公司
发行：中国林业出版社
电话：（010）8314 3518
版次：2018 年 1 月第 1 版
印次：2018 年 1 月第 1 次
开本：1/16
印张：21.5
字数：200 千字
定价：168.00 元
全套定价：534.00 元（3 册）